U0701827

新农村建设丛书

# 蔬菜制品加工技术

## 武　军　主编

吉林出版集团股份有限公司

吉林科学技术出版社

**图书在版编目（CIP）数据**

蔬菜制品加工技术 / 武军主编 . —

长春：吉林出版集团股份有限公司，2007.11（2025.1重印）

（新农村建设丛书）

ISBN 978-7-80720-720-7

Ⅰ.①蔬… Ⅱ.①武… Ⅲ.①蔬菜加工 Ⅳ.①TS255.5

中国版本图书馆 CIP 数据核字（2007）第 143161 号

**蔬菜制品加工技术**
SHUCAI ZHIPIN JIAGONG JISHU

| | | |
|---|---|---|
| 主　　编 | 武　军 | |
| 责任编辑 | 林　丽 | |
| 开　　本 | 850mm×1168mm　1/32 | |
| 字　　数 | 96 千 | |
| 印　　张 | 4 | |
| 版　　次 | 2007 年 11 月第 1 版 | |
| 印　　次 | 2025 年 1 月第 12 次印刷 | |
| 印　　刷 | 三河市元兴印务有限公司 | |

| | |
|---|---|
| 出　　版 | 吉林出版集团股份有限公司 |
| | 吉 林 科 学 技 术 出 版 社 |
| 发　　行 | 吉林出版集团股份有限公司 |
| 社　　址 | 吉林省长春市福祉大路 5788 号 |
| 邮　　编 | 130000 |
| 电　　话 | 0431-81629968 |
| 电子邮箱 | 11915286@qq.com |
| 书　　号 | ISBN 978-7-80720-720-7 |
| 定　　价 | 28.00 元 |

**AI实践导师**
7*24小时在线 带你学习实用知识

**在线阅读**
AI电子书 随时随地查阅

**技术讲解**
视频在线看 轻松掌握技巧

**惠农指南**
政策细解读 助力高效发展

"码"上开启 致富之路 ——

# 长本事 换脑筋
# 多挣钱 少吃亏

# 出版说明

　　《新农村建设丛书》是一套针对"农家书屋""阳光工程""春风工程"专门编写的丛书，是吉林出版集团组织多家科研院所及千余位农业专家和涉农学科学者倾力打造的精品工程。

　　丛书内容编写突出科学性、实用性和通俗性，开本、装帧、定价强调适合农村特点，做到让农民买得起，看得懂，用得上。希望本书能够成为一套社会主义新农村建设的指导用书，成为一套指导农民增产增收、提高自身文化素质、更新观念的学习资料，成为农民的良师益友。

# 目　　录

# 第一章　蔬菜贮藏加工原理与方法

## 第一节　蔬菜概论

**一、蔬菜的分类**

蔬菜的分类是根据蔬菜栽培、育种和利用等的需要，对蔬菜作物进行归类排列的方法。蔬菜分类是以现代植物分类学、植物生态学、植物生理学为依据，根据蔬菜生产和栽培技术的发展需要而建立的，可根据蔬菜的形态、习性、用途进行分类，也可以根据系统发育中的亲缘关系和演化进行分类。现已形成了植物学分类、食用器官分类、农业生物学分类等多个蔬菜分类系统。

（一）植物学分类法

根据蔬菜的植物形态特征，以及系统发育中的亲缘关系按科、属、种的体系进行分类。目前我国栽培食用的蔬菜涉及红藻门、褐藻门、蓝藻门（统称藻类植物）、真菌门（菌类植物）、蕨类植物、被子植物门（统称高等植物）等6个门。

1. 真菌门

蘑菇科：平菇、香菇。

2. 被子植物门

（1）藜科　菠菜、榆钱菠菜、根藜菜、达菜（牛皮菜）。

（2）菊科　莴苣、茼蒿。

（3）十字花科　大白菜、萝卜、雪里蕻、花椰菜、结球甘蓝、青花菜、菜薹、苤蓝、芥菜、白菜。

（4）葫芦科　黄瓜、西葫芦、冬瓜、南瓜、丝瓜、苦瓜、西瓜、甜瓜、瓠瓜。

（5）豆科　菜豆、矮生菜豆、豇豆、蚕豆、豌豆、豆薯。

（6）百合科　洋葱、红葱、大葱、胡葱、韭菜、大蒜、韭葱。

（7）茄科　番茄、辣椒、马铃薯。

（8）伞形科　芹菜、香菜、胡萝卜。

（9）禾本科　甜玉米、茭白。

（10）蘘荷科　姜。

（11）苋科　苋菜。

**（二）按食用器官分类**

按照食用器官可分为根、茎、叶、花、果5类。此分类法简便，容易记忆。食用器官分类对根据食用和加工的需要安排蔬菜生产方面有意义。

1. 根菜类　分为肉质直根类蔬菜（萝卜、胡萝卜、根芥菜、芜菁、芜菁甘蓝、根恭菜、辣根、防风等）和块根类蔬菜（豆薯等）。

2. 茎菜类　分为地下茎类（块茎类有马铃薯、菊芋、山药；根状茎类有莲藕、姜；球茎类有荸荠、慈姑、芋等）和地上茎类（嫩茎类有茭白、竹笋等；肉质茎类有莴笋、球茎甘蓝、茎芥菜等）蔬菜。

3. 叶菜类　分为普通叶菜类（白菜、叶芥菜、菠菜、芹菜、苋菜等），结球叶菜类（大白菜、结球甘蓝、结球莴苣等），叶变态的鳞茎类（洋葱、大蒜、芜荽、茴香等）蔬菜。

4. 花菜类　有黄花菜、花椰菜、朝鲜蓟等蔬菜。

5. 果菜类　分成瓠果类（黄瓜、南瓜、瓠瓜、冬瓜、西瓜、甜瓜、丝瓜、苦瓜等），浆果类（番茄、茄子、辣椒等），荚果类（菜豆、豇豆、蚕豆、豌豆、刀豆、菜用大豆等）蔬菜。

**（三）按蔬菜对温度要求分类**

根据各类蔬菜在栽培中对温度条件的不同要求以及能耐受的温度，可将蔬菜分为5类（不包括藻类、菌类和蕨类植物）。

1. 耐寒的多年生宿根蔬菜 如韭菜。在生长季节，地上部耐高温，冬季地上部枯死，以地下宿根（茎）越冬，能耐 -10℃ 以下的低温。

2. 耐寒蔬菜 如菠菜、芫荽、大葱、洋葱、大蒜等。在 15℃～20℃ 时生长旺盛，能耐 -2℃～-1℃ 的低温和短期的 -10℃～-5℃ 的低温。

3. 半耐寒的蔬菜 如大白菜、白菜、萝卜、胡萝卜、甘蓝、豌豆、蚕豆等。在 17℃～20℃ 时生长旺盛，能耐短期的 -3℃～-1℃ 的低温。

4. 喜温蔬菜 如黄瓜、番茄、辣椒、菜豆、茄子等。生长适宜温度为 20℃～30℃，不耐霜冻，10℃ 以下授粉不良，35℃ 以上生长和结实不良。

5. 耐热蔬菜 如冬瓜、南瓜、豇豆、刀豆、苋菜等。生长适宜温度在 30℃ 左右，35℃～40℃ 仍能生长、结实。

**二、蔬菜的化学特性**

蔬菜是人们每天不能缺少的食物，因为它们有较好的色、香、味和质地，能增进食欲，有助于食物的消化与吸收。蔬菜中的化学物质在成熟和贮藏加工过程中不断变化，因而影响食用和营养价值。蔬菜中所含的化学成分可分为两部分，即水分和干物质。干物质中的化学物质又可分为下列两大类：

一是水溶性物质，此类物质溶解于水，组成植物体的汁液部分。它们是糖、果胶、有机酸、多元醇、单宁物质以及部分含氮物质、水溶性色素、维生素和大部分的无机盐类。

二是非水溶性物质，它们是组成植物固体部分的物质。这类物质有纤维素、半纤维素、原果胶、淀粉、脂肪以及部分含氮物质、非水溶性色素、维生素、矿物质和有机盐类。

水分是蔬菜的主要成分，其含量因蔬菜的种类和品种而不同，一般蔬菜的含水量在 80%～90%，黄瓜达 98%。水分与蔬菜的风味品质有密切关系，同时也给微生物和酶的活动创造了有利条件。贮藏加工时，必须考虑到水分的存在和影响，加以必要的控制，因此，研究了解蔬菜的化学成分及其在各种情况下发生的变化是十分必要的。

1. 碳水化合物　碳水化合物是蔬菜干物质中的主要成分，蔬菜中的碳水化合物有糖、淀粉、纤维素、果胶物质等。

（1）糖　糖是决定蔬菜营养和风味的主要成分，蔬菜中所含的糖主要有葡萄糖、果糖、蔗糖和某些戊糖等。胡萝卜、洋葱、南瓜等含糖较多，分别为 $3.3\% \sim 12\%$、$3.5\% \sim 12\%$、$2.5\% \sim 9\%$。一般的蔬菜，如番茄、青椒、黄瓜、甘蓝等仅含有 $1.5\% \sim 4.5\%$ 的糖。蔬菜的含糖量与其成熟度有密切的关系。一般的果菜类蔬菜随着成熟度的提高含糖量也逐渐增加，而块茎、块根等蔬菜，与前者相反，成熟度越高，含糖量越低。糖的消耗一方面是可溶性糖成为蔬菜的主要呼吸底物，在呼吸过程中被分解放出热能；另一方面在蔬菜的贮藏过程中转化成了别的物质。

（2）淀粉　淀粉为多糖类，存在于块根类、块茎类等蔬菜中。多淀粉的蔬菜，如藕、菱、芋头、山药等，其淀粉含量与成熟程度成正比。凡是以淀粉形态作为贮存物质的蔬菜种类大多能保持休眠状态而有利于贮藏。对于青豌豆、甜玉米等以幼嫩子粒供食用的蔬菜，其淀粉含量的多少，会影响食品或加工产品的品质。

淀粉不溶于冷水，在热水中极度膨胀（40 倍）、糊化而成为浓厚的胶态，易被人体吸收。淀粉的比重为 $1.5 \sim 1.6$。由于比重大和不溶于冷水的两个特性，可用机械方法（沉淀法）制取淀粉。

（3）纤维素和半纤维素　这两种物质都是植物细胞壁的主要构成部分，起支持作用。植物的皮层内纤维素含量特别丰富，它能与木素、栓质、角质、果胶等结合成复合纤维素，这对蔬菜的品质与贮藏有重要的意义，但植物衰老时产生木素和角质，因而坚硬粗糙，影响品质。含有角质的纤维素具有耐酸、耐氧化和不透水的性质，对蔬菜贮藏十分有利。纤维素不能被人体吸收利用，但能刺激肠胃的蠕动，有帮助消化的功能。蔬菜中纤维素的平均含量为 $0.2\%$～$2.8\%$，根菜类为 $0.2\%$～$1.2\%$，西瓜和甜瓜含量少为 $0.2\%$～$0.5\%$。

半纤维素在植物中有着双重的意义，有类似纤维素的支持功能，和类似淀粉的贮藏功能。蔬菜中分布最广的半纤维素为多缩戊糖，其水解产物主要是己糖和戊糖。

（4）果胶物质　在植物体内，果胶物质通常有三种状态：原果胶、果胶和果胶酸。未成熟的植物组织中含有原果胶。原果胶在水或酸的溶液中同煮时，可使其分解为果胶。果胶在碱的作用下，可分解成果胶酸。蔬菜制汁时应该除去果胶，以免妨碍澄清。蔬菜腌渍品的变软，罐藏蔬菜易于软烂，都是因为果胶物质发生变化的结果。

在运输贮藏期间，由于原果胶的分解使蔬菜变软，易受机械损伤，故也应该在成熟前适当早采。贮藏中可溶性果胶含量的变化，是鉴定蔬菜能否继续贮藏的标志之一。许多霉菌和细菌均能分泌、分解果胶物质的酶，加速蔬菜组织的解体最终造成腐烂。

2. 有机酸　蔬菜中有多种有机酸，如枸橼酸、苹果酸、草酸，此外还有琥珀酸、酒石酸、a—酮戊二酸和延胡索酸等。蔬菜虽含有多种有机酸，但除了番茄等少数有酸味外，大都因含酸少而感觉不到酸味。蔬菜所含的有机酸，往往数种同时存在，例如番茄中含有苹果酸和枸橼酸，以及微量的草酸、酒石酸和琥珀酸。甘蓝中以枸橼酸为主，还存在绿原酸、咖啡酸、香豆酸和桂皮酸。菠菜中除草酸外，还含有苹果酸、枸橼酸、琥珀酸和水杨酸。芹菜中含有醋酸和少量丁酸。胡萝卜中含有绿原酸、棓酸、苯甲酸和 n—羟基苯酸。

草酸能刺激或腐蚀黏膜，破坏代谢作用，改变血液正常的酸碱值，影响钙的吸收，多食对人体有害。黄瓜的清香味取决于含有少量的绿原酸和咖啡酸。胡萝卜含有的有机酸具有杀菌防腐的作用。

3. 含氮物质　蔬菜中含氮物质主要是蛋白质，其次是氨基酸，酰胺及某些铵盐和硝酸盐。

蔬菜中游离氨基酸有二十多种，其中含量较多的有 14～15 种，有些氨基酸具有鲜味，如谷氨酸钠为味精的主要成分。竹笋中含有天冬氨酸，香菇中含有 5—鸟嘌呤核苷酸，豆芽菜中含有谷酰胺、天冬酰胺，绿色蔬菜中的 9 种氨基酸中以谷氨酰胺含量最多，莴苣中的含氮物质占干重的 20％～30％，其中主要是蛋白质。蔬菜中的辛辣成分如辣椒中的辣椒素，花椒中的山椒素，均含有酰胺基化合物。生物碱类的茄碱，糖苷类的黑芥子苷，色素物质中的叶绿素和甜菜色素等都是含氮素的化合物。

在蔬菜加工过程中，由于含氮物质的存在和变化，对成品的色、香、味和工艺过程均可发生不同的影响，主要有以下几方面：

（1）改变食品的风味和香味　蔬菜腌渍时，常加香料或进行酱渍处理，给制品增加辛辣味和香气。在发酵过程中，氨基酸在酸的作用下变为醇，醇与酸化合成酯，产生香味。

（2）与食品变色的关系　含氮物质发生反应引起的食品变色，除了还原糖与氨基酸反应之外，还与金属发生变色反应。含有酪氨酸的蔬菜，如马铃薯、甜菜等，在酪氨酸酶的作用下，产生一种黑色物质，甜菜根或马铃薯块茎切开后在空气中放置一段时间，会发生变色，就是这个原因。

（3）蛋白质与单宁结合即沉淀　有助于果汁澄清。

4. 单宁物质　亦称鞣质，属于多酚类化合物，有收敛性涩味，一般蔬菜中含量很少，但对蔬菜的食用和加工品质有一定的影响。在未成熟的蔬菜中含水溶性单宁较多，会降低甜味，并产生涩味，如番茄等。经自然成熟或人工催熟以后，水溶性单宁发生凝固成为不溶性单宁，即可脱涩而适于食用。

单宁物质能氧化生成暗红色的根皮鞣红，马铃薯或藕在去皮或切碎后在空气中变黑就是这种现象。这是由于酶的活性所致，所以称为酶褐变。要防止这种变化，应从单宁含量、酶（氧化酶、过氧化酶）的活性及氧的供给三方面考虑。单宁含量高则变色快，所以加工应选单宁含量少的品种，或用热水烫漂，蒸汽处理，或 $SO_2$ 熏蒸可以抑制酶的活性。去皮后放在盐水中或清水中可以减少氧的供给，防止氧化。单宁遇铁变为墨绿色，遇锡变为玫瑰色，所以加工时不能用铁、锡等器具。单宁与碱作用很快就会变黑，因此蔬菜用碱液去皮后，要注意及时将碱洗去。

5. 糖苷类　糖苷是糖基与非糖基（苷配基）相结合的化合物。在植物体中普遍存在，并关系到蔬菜的色、香、味和利用价值。一般认为糖苷是在代谢中形成的，对植物无用甚至有毒的苷配基形成糖苷后易于排出而起解毒作用。自然状态下一些以糖苷形态存在的物质，遇微生物侵入时，在酶的作用下，水解出游离苷配基，可起抗菌或杀菌作用。蔬菜中常见的几种糖苷：

（1）黑芥子苷（$C_{10}H_{16}KNS_2O_9$）　为十字花科蔬菜苦味的来源。它含于根、茎、叶与种子中，水解后生成具有特殊辣味和香气的芥子油、葡萄糖及其他化合物，不但苦味消失，而且品质有所改进，此种变化在蔬菜腌渍中很重要。

（2）茄碱苷（$C_{45}H_{71}O_{15}N$）　又称龙葵苷，存在于马铃薯块茎中，番茄和茄子亦含有。它是一种有毒的生物碱，对红细胞有强烈的溶解作用。马铃薯所含的茄碱苷，集中在薯皮和萌发的芽眼附近，受光变绿的部分特别多，薯肉中较少。如块茎中茄碱苷含量达到 $0.02\%$，即可使人食之中毒。

（3）其他苷类　薯芋皂苷，是一种类固醇衍生物，含于薯芋中，水解后生成薯芋皂素（$C_{27}H_{42}O_{23}$）、鼠李糖和尚未确定的另一种糖。瓜类的苦味是由于瓜类含有药西瓜苷（$C_{16}H_{84}O_{23}$）和其他苷类。

6. 色素物质　蔬菜呈现各种颜色，是由于各种色素的存在。色素有许多种，有时单独存在，有时共同存在，或显现或被遮盖。各种色素随着成熟期的不同及环境条件的改变而有各种变化。色素物质存在与否或含量多少可以决定产品的成熟度。在加工过程中，要尽量防止变色，使天然原色能很好地保持。蔬菜中的色素物质有下列几类：

（1）花青素或称花色素类　通常以花青苷的形态存在于果、花或其他器官中。花青素是一种感光性色素，它的形成必须借助日光。如在遮阴处生长的蔬菜，色彩的呈现就不够充分。不过在加工品的保藏上，光照则能加快其变为褐色。花青素遇金属（铁、铜、锡）就会变色，所以加工时不能用铁、铜、锡制的器具，但铅、银不变色。花青苷还可以促进马口铁皮的腐蚀。加热对花青素有破坏作用，促进分解褪色，如茄子、红菜薹、萝卜等煮后颜色会发生变化。

（2）黄色色素　这一类有色物质总称为类胡萝卜素，又称为油色素或复烯色素，在植物中分布很广。根、叶、花、果中均含有此类物质，主要的种类如下：

①胡萝卜素（$C_{40}H_{56}$）　即维生素 A 原。常与叶黄素、叶绿素同时存在，呈橙黄色，富含于胡萝卜、南瓜、番茄、辣椒和绿色蔬菜中，但由于与叶绿素同时存在而不显现。

②番茄红素（$C_{40}H_{56}$）　为胡萝卜素的异构体，呈橙红色，存在于番茄、西瓜中。番茄的颜色取决于各种色素（番茄红素、胡萝卜素、叶黄素、叶绿素等）的相对浓度和分布。

③叶黄素（$C_{40}H_{56}O_2$）　各种植物均含有，与叶绿素和胡萝卜素同时存在于叶及黄色番茄中。

④椒黄素（$C_{40}H_{58}O_3$）和椒红素（$C_{40}H_{60}O_4$）　存在于辣椒中。蔬菜的黄色素还有黄酮类，如槲皮素（$C_{15}H_{10}O_7$）以苷的形式存在，黄皮的洋葱中含有。

（3）叶绿素类　蔬菜植物的绿色，是由于叶绿素的存在。叶绿素是两种结构很相似的物质，是叶绿素 a（$C_{55}H_{72}O_5N_4Mg$）和叶绿素 b（$C_{55}H_{70}O_6N_4Mg$）的混合物。

在贮藏加工过程中，色素物质常发生各种不同的变化，采下的绿色果菜经过贮藏完熟可以表现它应有的色彩，就是由于叶绿素被分解，而使类胡萝卜素、黄素酮类和花青素等色素显现。如将绿色蔬菜短时间放在沸水中，绿色会显得更深，这是因为植物组织内的空气被排出，组织变得比较透明，绿色也就更加显现。如长期烫煮，那就变成褐绿色了。由于叶绿素有以上这些特性，影响加工品色泽，如腌渍时由于乳酸的产生而变色。

7. 芳香物质和油脂　蔬菜的香气和其他特性结合起来，是决定品质的重要因素，由于蔬菜的种类不同，芳香物质的成分也各自不同。蔬菜中的挥发性芳香物质的主要成分为醇类、酯类、醛类、烃类（萜烯）等，另外还有醚、酚类和含硫及含氮化合物。萝卜根中含有甲硫醇（$CH_8SH$）、烯丙芥子油。洋葱鳞茎中含有烯丙基二硫化物（$C_6H_{12}S_2$）。生姜根茎中含有姜烯（$C_{15}H_{24}$）、姜醇（$C_{15}H_{26}O$）等。有些植物的芳香物质，是以不挥发的糖苷和氨基酸的状态存在。如芥子油、蒜素等。蒜素（$C_6H_{10}OS_2$）是蒜氨酸（$C_6H_{11}O_8NS$）的水解生成物。蒜氨酸含于大蒜鳞茎中，当大蒜苗切碎后，其气味显著地变浓，即因为所含的蒜氨酸和蒜氨酸酶互相接触引起水解而生成蒜素的关系。大多数挥发油都具有杀菌作用，有利于加工品保藏，蔬菜腌渍时一般均用香料，一方面是为了改良风味，同时也为了加强保藏性。加工时，加热最易使芳香物质损失，故蔬菜干制时常用低温（60℃～65℃）。

蔬菜中还含有不挥发的油分和蜡质，统称为油脂类。油脂富含于蔬菜种子中，如南瓜子含油量为 34%～35%，西瓜子为 19%，芥菜子为 20%～28%。除种子外，蔬菜的其他器官一般含油量很少。蔬菜表面常有一层蜡质，果面、叶面都有，一般称之为蜡被或果粉，如南瓜、冬瓜、甘蓝等的蜡被比较明显。蜡质的形成加强了外皮的保护作用，减少了水分蒸发，使病菌不易侵入，因此采收时须注意勿将果粉擦去，以免影响耐藏性。

8. 维生素　维生素在人体营养上很重要。能维持人体的正常生理功能。蔬菜所含的维生素或其前体种类很多，尤以胡萝卜素和抗坏血酸最为重要。

（1）水溶性维生素　此类维生素具有水溶性，所以在加工过程中应特别注意保存。

①维生素 $B_1$（硫胺素）　豆类中含量最多，在酸性环境中较稳定，在中性和碱性环境中对于加热相当敏感，易被氧化或还原。蔬菜罐藏、干制品保藏时维生素 $B_1$ 能被良好地保存。

②维生素 $B_2$（核黄素）　能耐热、干燥及氧化。但在碱性溶液中对热较不稳定，干制品中维生素 $B_2$ 能保持它的活性。

③维生素 C（抗坏血酸）　易溶于水，是一种不稳定的维生素。蔬菜在贮藏加工过程中维生素 C 的保存量与酶的含量和活性成反比。维生素 C 对紫外线不稳定，因此不宜将玻璃瓶装的蔬菜罐头放在阳光下。干制品必须密封包装，以免抗坏血酸氧化。铜与铁具有催化力，能加速抗坏血酸氧化损失，所以在加工时避免使用铜、铁器具。

（2）脂溶性维生素　能溶于油脂中，不溶于水。

①维生素 A 原（胡萝卜素）　胡萝卜、菠菜中含量多。植物体中虽然没有维生素 A，但富含有维生素 A 原。维生素 A 原进入人体后，便转变成维生素 A，维生素 A 原耐高温，但在加热时遇氧则易氧化。在碱性溶液中比在酸性溶液中稳定。

②维生素 E 及维生素 K　存在于植物的绿色部分，很稳定，莴苣富含维生素 E，菠菜、甘蓝、菜花、青番茄富含维生素 K。

9. 矿物质　蔬菜中的矿物质（无机物质）的含量与水分和有机质相比是非常少的，它们在蔬菜的化学变化中起着催化剂的作用。矿物质的80％是钾、钠、钙等成分，磷和硫等占20％。与人体营养关系最密切且需要最多的矿物质钙、磷和铁在蔬菜中含量特别丰富。钙含量最多的萝卜缨每100克食用部分含钙280毫克，雪里蕻235毫克，苋菜200毫克，其次为毛豆、水芹菜。含磷最多的黄瓜为530毫克，菠菜为375毫克，青豌豆为280毫克，其次为荸荠、青扁豆荚等。含铁最多的芹菜 8.5 毫克，毛豆 6.4 毫克，凉薯为 5～9 毫克，其次为苋菜、水芹菜等。

蔬菜表面在喷射防治病虫的药物后会残留大量的砷、铜和铅，会使人中毒。这样的蔬菜必须特别注意洗刷干净才可以食用。

10. 酶　酶是活细胞所产生的生物催化剂，在新鲜蔬菜的细胞中，所有生物化学作用都是在酶的参与下进行的。不同种类的酶，具有不同的催化作用。例如淀粉酶只能使淀粉糖化，转化酶只能使蔗糖水解，这种特性称为酶的专一性。

新鲜蔬菜的耐贮性和抗病性的强弱，直接与它们的代谢过程中的各种酶有关。耐藏品种甘蓝抗坏血酸的损失要比不耐藏品种少，这与抗坏血酸氧化酶的活性低有关。果胶酶含量与洋葱耐藏、抗病之间成正比关系。所以蔬菜贮藏应采用低温等措施以抑制酶的活动，有利于保持品质。另外，也常利用某些酶的特性作为加工的手段，如含淀粉多的蔬菜利用淀粉酶糖化制成饴糖，澄清菜汁是利用蛋白酶将蛋白质分解而澄清。

# 第二节　蔬菜的品质与采后处理

## 一、蔬菜的品质

蔬菜的品质不仅受遗传因了控制，也受采前因素和米后处理的影响。蔬菜的品质，如新鲜度、色泽、成熟度、汁液成分、组织的老嫩程度等均与耐贮性有密切关系，所以在贮藏之前应选择品质优良的蔬菜原料。蔬菜品质的好坏，是通过感官来评价的，如色泽、形状、硬度和鲜度，以及贮藏加工的适用性。

（一）采前因素对蔬菜品质和耐贮性的影响

1. 种类和品种　蔬菜种类繁多，就其供食用部位来讲，可分为根、茎、叶、花、果实、种子，它们各有不同的组织结构和不同的新陈代谢方式，这就决定了它们的耐贮性有很大差异。

植物的叶是新陈代谢最活跃的营养器官，它具有薄而扁平的结构，众多的气孔，适于接受日光进行气体交换和水分蒸散。而旺盛的呼吸作用和蒸腾作用使得叶菜类在采收后很快发生代谢失常——萎蔫、黄化甚至腐败变质。

果菜类包括瓜、果、豆，情况较复杂。多数果菜喜温热，不耐寒，贮藏温度在10℃以下就易遭受冷害，且多以幼嫩果实供食用，这是幼嫩蔬菜的一般特点。新陈代谢旺盛，外层保护组织尚不完整，有利于气体交换和水分蒸发，也易遭受病菌的侵入，这是很多果菜类难以贮藏的原因（如黄瓜、菜豆），而有些充分成熟时采收的瓜果（如南瓜、冬瓜），代谢强度已经下降，营养物质积累丰富，表面保护组织发育完好，有的还有厚的角质层或蜡层、蜡粉、茸毛，较耐贮藏。

块茎、球茎、鳞茎、根茎类以及上述的叶球类，都是已经长成了的贮藏器官，很多具有生理上的休眠或容易被控制在被迫休眠状态，这时各种生理生化过程和物质消耗都降低到最低限度，所以比较耐贮藏。

2. 自然环境条件

（1）土质 土质显然影响蔬菜的成分和结构，轻沙土大大加强了西瓜果皮的坚固性，使它的贮藏性和耐运输能力增强。甜椒在盐碱土生长时可滴定酸和抗坏血酸含量均低，而在非盐碱土生长时抗坏血酸含量高，在土壤pH值5.8、未加微量元素的条件下，长成的菠菜含磷较多，而在pH值7.8、加微量元素条件下，菠菜含磷较少，但CaO含量高，在黑钙土状黏土长成的生食品种如洋葱含糖75%（占干重），而在富含碳酸盐的亚黏土类的黑钙土长成的只含58%，但干物质含量高。土壤中含硫量高，洋葱的香精油含量高，这样的洋葱较耐藏，因为洋葱的挥发物杀菌性能加强，就能抗病耐贮。

（2）海拔 山地或高原地区生长的蔬菜中含有的糖、色素、维生素C、蛋白质等含量都比平原地区有明显的增加，表面保护组织也较发达，这不仅影响到蔬菜品质，也同耐贮性有关。番茄生长在海拔 1529 米高山上时，含糖量为 77.7%～88.4%（占干重）、抗坏血酸含量为 31.9 毫克/100 克（干重），而在海拔 674 米生长时含糖量为 63.7%～70.3%、抗坏血酸 11.7～21.4 毫克/100 克（干重）。

（3）温度　温度高，生长快，产品组织柔嫩，可溶性固形物含量低。昼夜温差大，生长发育良好，可溶性固形物含量高，同一种类或品种的蔬菜，秋季收获的贮藏效果常优于夏季收获的，如秋末收获的番茄、甜椒都较夏季收获的耐贮藏。甘蓝在冬季贮藏期间的耐贮性也在很大程度上取决于生长期间的温度条件和降雨量，低温（10℃）下长成的甘蓝含戊聚糖和灰分较多，蛋白质较少，并且汁液冰点较低。如将长在 24℃ 下的植株移到较低的条件（10℃）下生长，则半纤维素总量显著增加，而蛋白质含量降低。

（4）湿度与水分　高湿多雨，会使番茄干物质含量减少，气候潮湿，特别是接近采收季节阴凉多雨时，常使果类蔬菜含糖量降低，缺乏应有的色泽、风味和香气，耐贮性也降低，但在一定生长阶段，降雨过少常会影响某种矿物质元素的吸收，导致缺素症，在贮藏中造成严重的损失。旱年，如果灌溉不及时，大白菜干烧心病就严重，这是由于土壤含水量低，溶液浓度高，阻碍了水溶性钙的吸收，而且组织结构受影响。生长期降雨过多或过少，均影响病害发生。如生长期多雨，番茄易发生晚疫病，茄子发生绵疫病；高温干燥，毒素病严重，都会影响其耐贮性。

（5）光照　光照强度的不同直接影响到光合作用的强度，同时也影响到植株的形态及解剖结构，如叶的厚薄、叶肉的结构、节间的长短、叶节的大小、茎的粗细等，这些都影响蔬菜的品质和耐贮性。密植所造成的遮阴，会使果实含糖量低，叶芽在光照不足时，会使叶片大而薄，贮藏中易失水和衰老。过强的日照，可导致番茄普遍日灼，严重影响耐贮性，青椒如在天气炎热之前不封垄，果实也常受强日照之害不能用于贮藏。山区空气比较清新，能够得到更好的太阳辐射，如青海及西藏高原的甘蓝、大白菜、萝卜个体很大，含糖量特高，这和当地光照充足有关。

3. 农业技术条件

（1）施肥　蔬菜一般具有生长速度快、生长期短、对土壤肥力条件要求高的特点，因此，要获得优质高产的蔬菜必须注意增施有机肥，合理施用化肥。只有在适宜营养条件下才能生长出具有优良品质的产品，才适于作贮运材料，否则贮藏中将发生生理失调病害。氮肥过多，能显著降低番茄果实的品质，降低干物质和抗坏血酸含量。在酸性土壤中施钙肥能提高番茄产量和改进果实品质。由于施肥，新鲜甘蓝耐藏性提高，酸渍甘蓝的风味也会改善。施高剂量钾和磷的无机肥料对酸黄瓜品质有良好的作用。莴苣采收后放在5℃下可贮藏12天。

（2）灌溉　土壤水分是影响植物化学成分及贮藏性的重要因素之一。如对贮藏的叶菜，注意控制生长期灌水，避免水分过多引起徒长，植株柔嫩，含水量高，不耐贮藏。对于供贮藏后食用的大白菜、洋葱和油菜心等，应在采收前一周不浇水，灌水过多和不足会增加贮藏中的病害。生长期中过分灌水会加重洋葱贮藏中颈腐（灰霉菌）、黑腐（曲霉菌）、基腐（镰刀菌）和细菌性腐烂。大白菜蹲苗期，土壤干旱缺水，特别是在盐碱地，如果浇水不及时，就会大量发生干烧心病。

（3）田间病虫害防治　病虫是造成贮藏中败坏变质的重要原因。蔬菜贮藏病害包括生理性病害和传染性病害两大类，这里强调的是在田间就已发生的病害，包括由于田间因素等不适而导致的生理病害。采收时有明显的表面症状的容易挑选出来，但在挑选时如症状不明显或是内部病变和外表仍是正常的，就会误认为它们是健康产品，在贮藏中易扩大病虫害范围造成损失。所以应在蔬菜栽培时选择适当的自然条件和采用良好的农业技术以减少病虫害发生。

（二）蔬菜的组织特性与贮藏加工的关系

蔬菜的质地是蔬菜组织特性在风味品质方面的表现，情况复杂多样。组织结构不只同风味有关，同生理特性也有密切关系，因而也就同贮藏性能密切相关，以下分别加以说明：

1. 蔬菜的组织特性　蔬菜的组织特性是由细胞的膨胀状态、黏着力、大小和形状以及支持组织的存在与否和植物的成分所决定的。

（1）细胞的膨胀状态　细胞的原生质层是一个半渗透膜，液泡里面的细胞液含有很多溶解于水的溶质，表现出一定的渗透浓度。如果把蔬菜放在清水或低渗透浓度的溶液中，水分从外界进入细胞呈膨胀状态。如果把蔬菜浸入盐或糖等高渗溶液中，细胞液的水分会向外流出，于是液泡体积就会收缩。由于细胞壁的伸缩性有限，而原生质层的伸缩性较大，所以细胞壁停止收缩而原生质层将继续收缩下去，这样就会引起质壁分离，进而引起细胞死亡。

（2）细胞的黏着力　细胞的黏着力依赖于细胞中果胶物质的数量和质量。在蔬菜成熟过程中水溶性果胶增加，不溶性果胶减少，细胞之间黏着力减低，变得容易分离。如甜瓜、番茄等果菜类的组织为粉状，就是这个原因。用热处理可以使细胞的黏着力减低，这与可溶性果胶的形成有关。基于这些特性，对蔬菜贮藏选用适当的成熟度，对蔬菜加工过程中如何保证产品品质提供了保障。

（3）细胞的大小和形状　蔬菜细胞的大小和形状同样也影响组织结构。致密的组织中细胞小，细胞间隙小，多数呈多面体的形状。而粗糙的、海绵状的组织中细胞大，细胞间隙大，大多呈球形或椭圆形。如番茄等浆果的细胞大，直径可达1毫米，但组织泡松，一般不耐贮藏。

（4）支持组织　支持组织的存在与否影响蔬菜的结构和品质。幼小植物较嫩，主要由薄壁细胞组成。随着植物的生长，细胞壁发生不同程度的增厚，而形成厚角细胞和厚壁细胞，这两种细胞的结合，使植物组织坚韧。如芹菜的茎和叶柄中这两种细胞都有，因而呈纤维化和多筋状。这些组织的生成对植物有机械支持作用，对蔬菜在贮藏和加工过程中起到防护的作用，但影响食用品质和营养价值。

（5）蔬菜的组织成分　蔬菜组织的成分也与其结构品质有关，有人指出结构差别的 92％ 是由淀粉含量、果胶钙和总果胶酸盐的变动造成的。加工方法的不同对结构有显著的影响，肉质湿软品种的甘薯是低淀粉的（13％～19％），而干硬品种含有18％～22％。马铃薯特性的差异是由品种、特殊组织层的细胞大小及淀粉粒的大小与数量决定的。通常情况下，平均淀粉粒和贮藏薄壁细胞较小的品种煮食品质为较少粉质，质地较细腻。

2.蔬菜的保护组织及其作用　表皮系统是指以表皮层为主体的植物的外表保护覆盖组织。采后器官的气体交换、水分蒸散、病原菌侵入、化学物质渗透、芳香物质挥发、抗热耐寒和抵抗机械损伤等都是从表面开始的。表面细胞的大小、结构变化因作物和器官种类而异，还随栽培环境条件和成熟度而变化。表皮层可分为以下几层组织：

（1）角质层　表面组织的最外层被覆盖着一层非细胞态、但具有分层结构的复合角质层，其下才是表皮细胞和皮层组织。角质层的主要成分是由一种高级脂肪酸组成的角质，层内还埋有蜡，有时蜡附在角质层表面，形成微粒、棍状、片状等蜡粉。有时还有木栓质，特别是愈伤组织，包括有木栓层。

（2）自然开孔　表皮系统上的自然开孔主要是气孔和皮孔。气孔是由表皮细胞分化形成的一对保卫细胞和与其邻接的几个助细胞所组成，因保卫细胞的充水或脱水而使气孔启闭。皮孔在周皮组织内，果实成熟进程中，气孔、茸毛脱落后的斑痕及微小裂口等部分，那儿有活泼的木栓形成层，生成带有细胞裂隙的组织，形成沟通内外的皮孔。苹果、梨等果面的果点，是重新被栓质堵塞的皮孔遗痕。

3.蔬菜对机械损伤的抗力　蔬菜对机械损伤的抗力是由表皮

细胞的结构、基本组织的类型和宽窄以及维管系统的排列决定的。有些蔬菜具有坚韧而有弹性的皮，经得起各种处理，这些皮的表皮细胞是木栓化或木质化的。皮厚的果菜对机械损伤的抗力要强些。基本组织的类型和厚度决定了蔬菜对损伤的敏感性。光皮甜瓜品种在皮层中有厚角细胞，它的厚度显示了果皮的坚硬度。在番茄中，对破碎的抗力除与表皮细胞的扁平有关外，还与番茄果中广阔的维管束系统有关，而维管束系统与果实中水分的含量关系密切，一般水分含量高则抗力较低。

4. 蔬菜的结构与成熟的关系 果菜在成熟时其结构发生较大的变化，表现在细胞壁加厚，原生质膜渗透性改变以及细胞间隙开始变化。这些成为成熟的主要指标。

## 二、蔬菜的采后处理

### （一）蔬菜的采收和处理

蔬菜的采收总的原则是采摘及时而无损，这样才能达到保质保量，减少损耗的目的。蔬菜的采收成熟度、采收时间和采收方法，都应考虑到贮运方法和设备条件，如远运或用无保温设备的运输工具应适当早采，反之迟采。蔬菜的表面结构是一个良好的天然保护层，损伤破坏了这个保护层，蔬菜就失去了自然屏障，易于感染病菌而导致腐烂。所以蔬菜采收时应尽量避免一切损伤。

1. 贮藏蔬菜的质量选择 蔬菜营养丰富，含水分多，组织脆嫩，因此，在采收、装卸、运输过程中极易损伤，易引起微生物感染而腐烂。因此，贮藏的蔬菜，一般要求成熟度适当，耐藏，新鲜度高，避免病虫感染、日晒雨淋和一切损伤，入贮前应预冷，这样才能达到长期贮藏、延长供应的目的。

2. 蔬菜成熟度的确定和采收方法

（1）采收成熟度的确定 各种蔬菜的成熟度都要以风味品质的优劣作为采收的首要依据。用作长期贮藏的蔬菜，要以贮藏结束时的风味品质及损耗状况为标准，过早采收，果嫩营养与风味淡薄，易萎蔫；过晚采收，则皮厚、子老、风味差，贮藏时易老化。

（2）采收方法　注意采收和处理方法是保持蔬菜品质的必要条件，不正确的采收和粗放的处理方法直接影响蔬菜的品质，导致损伤和变色，降低了产品的市场价值；不正确的采收和粗放的处理方法还使蔬菜呼吸显著增加，发生生理病变，即使轻微的表皮损伤，也将成为微生物的通道导致腐烂，缩短贮藏寿命。

（3）采后处理

①愈伤　蔬菜在采收过程中，很难避免各种机械损伤，即使是微小的、不易发觉的伤口，也会招致微生物侵入引起腐烂。所以像马铃薯、洋葱、蒜、芋头、山药等蔬菜采收后、贮藏前进行愈伤处理是十分重要的。在愈伤的过程中，周皮细胞的形成要求高温多湿，如马铃薯块茎采收后保持在18.5℃以上两天，而在7.5℃～10℃和相对湿度90％～95％，保持10～12天。适当的愈伤可使马铃薯的贮藏期延长50％，减少腐烂。愈伤时也有要求湿度较低的品种，如洋葱和蒜头，在收获后要经过晾晒，使外部鳞片干燥，这样可以减少微生物浸染，同时对鳞茎的颈部和盘部的伤口有愈合作用，对贮藏有利。成熟的南瓜，采后应在24℃～27℃放置两周，以愈合伤口，硬化果皮，使之更适合贮藏。

②预冷　蔬菜采收后高温对保存品质是有损害的，特别是在热天采收的蔬菜。所以蔬菜采收后要经过预冷以除去田间热，目的是降低蔬菜的呼吸，减少微生物的侵袭和水分的损失，还可以节省装载车船的空间（预冷后可以装得较紧）。预冷的方法很多，最方便的就是放在阴凉通风的地方，使其自然散热。叶菜类用水冷却既可以加快降温速度，又可保持组织的新鲜度。

③晾晒　蔬菜在采收时含水量多，组织脆嫩，因之在贮运中很容易损伤或遭受病虫害，在贮运中蔬菜的生理呼吸与蒸腾作用也都很旺盛，如若直接入库，会导致库内湿度增大，引起微生物繁殖导致腐烂，因此应根据蔬菜的种类、贮藏方式进行必要的贮前晾晒。晾晒一般用于含水量很高、生理作用旺盛的叶菜类，以及在通风性能差的贮藏库中的蔬菜。

④乙烯吸收剂　蔬菜贮藏中有很多方法可以延长保质期。如低 $O_2$、高 $CO_2$ 和应用成熟抑制剂等抑制蔬菜的成熟和衰老，但某些蔬菜（如番茄等）产生的内源乙烯也是蔬菜贮藏中的重要问题。比较实用的是用蛭石吸收高锰酸钾溶液后，放入贮藏蔬菜的塑料薄膜袋中密封，吸收乙烯效果较好。目前我国应用价廉易得的材料，如用刚出窑的砖块来吸收饱和的高锰酸钾溶液，用在番茄、黄瓜、菜花等蔬菜气调贮藏中吸收乙烯，效果亦较明显。

⑤涂被处理　植物本身具有调节生理和保护植物体的外部组织结构。而涂被是人工创造的一层保护结构，其作用是适当调节表皮的开孔部分以防过度蒸发，抑制呼吸减少养分消耗，延缓后熟的进程，提高表面光洁度与商品价值。人工涂料，最初多用石蜡、松香、虫胶等加热熔化后进行浸渍或喷涂处理。现在广泛应用的是水溶性涂料，种类甚多，效果不一。涂被处理过程中必须注意几个问题：一是涂层的厚度应视蔬菜的种类而异，过薄起不到保护层的作用，过厚则会引起缺氧呼吸而致腐烂；二是为了防止病菌引起的腐烂应加入杀菌药剂。

（二）蔬菜的分级包装

1. 分级的规格、标准和技术

（1）蔬菜分级的规格标准　由于供食用的部分不同，成熟标准不一致，所以没有一个固定的统一的规格标准，只能按照各种蔬菜品质的要求制定不同的标准。蔬菜分级通常根据大小、重量、颜色、形状、成熟度、坚实度、清洁度、新鲜度，以及病虫感染和机械损伤等几个方面。

（2）蔬菜分级的设备

①重量分级　主要用于马铃薯，也适用于其他较长的蔬菜，如黄瓜、甘薯。重量分级（特别是形状不规则的蔬菜）对长度与直径之比相近者，一般多用重量分级法。广泛采用的重量分级有定时转动台，先将番茄或其他蔬菜排成一行送入称重杯，杯即轻微振动，使它确实落入杯的中心正确称重，称重后番茄即向下滑

落于运输带上运至包装间。

②直径分级　普通的直径分级由打有筛孔的纤维宽带制成，可使某种大小的蔬菜自筛孔处落下，此机器可以只有一种大小的筛孔，将不能销售的小个蔬菜除掉，或分为几个阶段，则在第一阶段用小筛孔，以后各阶段逐渐将筛孔放大，每段下面装置交叉运输带，将各段选出的蔬菜运至不同的包装箱。有些直径分级机装有横行输送带，将产品运至包装大木箱；有些直径分级机则使产品落入斜槽内，直接倾入包装大木箱。

2. 包装容器的规格要求　新鲜蔬菜包装是保证标准化、商品化、安全运输和贮藏的重要措施。合理的包装，可使蔬菜在运输途中保持良好的状态，减少互相摩擦、碰撞、挤压而造成机械损伤，减少病害蔓延和水分蒸发，避免蔬菜散堆发热而引起腐烂变质。

（三）蔬菜的运输

蔬菜采收后，除少量就地供应外，大量的需要转运到人口集中的城市、工矿区和批发市场集中销售。蔬菜是鲜活商品，在运输途中易受外界环境因素的影响，若管理不善就会造成极大的损失。

1. 运输的基本要求和运输环境

（1）运输的基本要求

①快装快运　蔬菜收获后仍然是活的有机体，不同的是来自母株供给的养分来源断绝了。因此，蔬菜的新陈代谢作用只能凭自身部分营养物质的分解来提供生命活动所需要的能量。蔬菜不断呼吸，意味着需要不断地消耗体内贮存的营养物质，呼吸越快，体内营养物质的消耗量就越大。一般来说，运输过程中的环境条件是难以满足要求的，特别是气候的变化和道路的颠簸，难免影响蔬菜质量。因此，必须尽量缩短运输时间，迅速抵达目的地。

②轻装轻卸　装卸是蔬菜经营中一个极重要的工序，亦是目前引起蔬菜腐烂损失的主要因素之一。绝大部分蔬菜含有

80％～90％的水分，属于鲜嫩易腐性货物，在搬运、装卸中稍一碰压，就会发生破损，导致腐烂。装卸时，对于新鲜蔬菜要严格做到轻装轻卸，避免撞击、挤压、跌落等发生。

③防热防冻　各种蔬菜都有其适应的温度要求和受冻的临界温度。温度过高，引起呼吸加强，导致蔬菜衰败，过低则容易遭受冷伤和冻害。运输途中温度波动太大也不利于蔬菜的保鲜。现在很多交通工具都具备了降温和防冻的装置，如冷藏卡车、铁路的加冰保温车和机械保温车以及冷藏轮船和大集装箱。我国目前这一类的运输工具使用还不多。因此，必须重视利用自然条件和人工管理来防热、防冻。

（2）运输的环境条件　从产地到销售地之间的运输时间愈长，途中各种环境因素变化就越大，对蔬菜品质的影响也越大。关于运输中的环境条件以及蔬菜的生理作用与保持蔬菜品质之间的关系，与贮藏时的情况相似。不同的是运输是运动着的条件，而贮藏是相对静止的条件。

①温度　常温运输蔬菜在汽车与火车上不进行包装时，其体温受气温影响，尤其在夏季或严冬季节其影响就更为明显。从包装形式看，木箱包装运输与纸箱包装运输几乎相同，但纸箱堆积过密时在运输中要比木箱的温度高1℃～2℃。另外，在运输中的震动可使箱内产生一定的热量。蔬菜用包装箱进行运输时，除受环境温度影响外，还因震动使呼吸加快及箱内由于摩擦而发热，使箱内温度有所升高。

②湿度　蔬菜在运输中由于纸箱的大小、缓冲材料和本身的蒸腾强度等因素的差异，使运输中湿度的高低不同。一般在纸箱内密封数小时到1天后，箱内空气的相对湿度可达到95％～100％，运输中仍然会保持在这个水平。当运输时间短时，这种高湿对蔬菜还不会产生不良影响，但纸箱吸潮后抗压强度下降，有可能使蔬菜遭受压伤。因此，远距离运输用纸箱包装产品时，应采取隔水纸或在箱中用聚乙烯薄膜衬垫，以免

受潮后引起抗压力下降。用木箱、塑料箱等包装材料运输时，可在包装材料的外层罩上薄膜防止水分散失。

③空气成分　运输中包装箱内的气体组成因容器和蔬菜种类不同而异。在通风车运输时箱内 $CO_2$ 浓度较低，而用冷藏车运输时，由于密闭的缘故，$CO_2$ 浓度上升。使用纸箱时 $CO_2$ 浓度较低，但如果使用隔水纸或薄膜的纸箱，由于箱内气体扩散受到限制，使 $CO_2$ 浓度增高。运输中为了进行短时间降温而使用干冰时，包装箱内 $CO_2$ 浓度会明显增高。使用干冰虽然能创造低温，但容易产生 $CO_2$ 中毒而导致生理病害。

2. 运输方式、工具及特点　可用于蔬菜运输的工具有火车、汽车、船舶及飞机，这些运输工具各有优点和缺点。所以，要在充分了解运输工具的优缺点后再加以利用。

(1) 铁路运输

①铁路运输的优点　可准时、高效率地运输大量的蔬菜。远距离运输，运费较低。即便是不太好的天气，运输也不受影响。沿轨道运行，安全系数大。

②铁路运输的缺点　与汽车运输相比，近距离运输运费高。同汽车运输相比，远距离运输时间较长。紧急运输时，由于调车和列车容量的关系，有时不能发送，而汽车运输就很容易应付这种情况。列车时刻表已编排好，发车时间无法通融，只能向有轨道的地方运输。

铁路运输的基本单位是货车或集装箱，货车的载重量为15～30吨（北美还有载重量 100 吨的货车），集装箱为 5 吨、10 吨或 20 吨左右。我国蔬菜在铁路运输中除采用无温度调节设备的普通棚车外，主要使用有控制温度设备的机械保温车和冰箱保温车。

(2) 汽车运输

①汽车运输的优点　与铁路运输相比，倒载搬运少，可以迅速地直达目的地。少量或中量的近距离运输，比铁路运输便宜。可以实现服务到家的运输，采用铁路运输、船舶运输时，通常无

法将货物从发货主门口送到收货主的门口，送货上门服务不得不依靠汽车。在满足运输需要方面有机动性，即汽车运输不需要铁路运输或船舶运输那么大的运输系统，能灵活满足运输要求，因此能适应紧急运输。

②汽车运输的缺点　与铁路运输相比，远距离运输时，随着距离加长运费增高，每次的运输量少，因此大量运输蔬菜时，还是铁路有利。

国外对新鲜蔬菜主要利用冷藏汽车运输，而我国目前主要以普通货车运输，由于设备简陋，震动力强，因此必须注意如下几个问题：首先，新鲜蔬菜一定要包装成件后装载，堆码成"品"字形或"井"字形，排列整齐，逐件排紧，不能堆码过高，以防倒塌或相互碰撞引起的机械损伤；其次，根据沿途气候条件和蔬菜对温度、湿度的要求，选用适当的遮盖物，以避免日晒雨淋，有利于防热保温；再次，公路质量差，路面崎岖不平时应小心慢行，减少颠簸、震动和撞击。

（3）船舶运输

①船舶运输的优点　在进行大量蔬菜的长距离运输时，与铁路运输相比更经济。大量运输原材料等零散货物时，通过使用专用船，可提高装载效率，使卸货更加合理，因此能进行更有效的运输。

②船舶运输的缺点　运输速度与汽车和铁路相比慢得多。港口装卸费变动大，装卸费时间。装卸和航行易受大气影响，即遇暴风雨天气时，有时停止航行，也有时停止装卸，与陆上运输相比，这是最大的缺点。在运输安全性和准确性方面，稍比铁路和汽车运输差。

（4）航空运输

①航空运输的优点　运输速度极快，但从发货地点到提货地点的全部时间看，如果在运输距离不太长的情况下，就难以发挥速度快的优点。破损、丢失、被盗等事故极少，与陆上和海上运输相比，运输中震动最小，海上运输时出现的海水飞溅和湿气，

这里不会发生，运输中几乎没有破损的危险性。

②航空运输的缺点　与其他运输工具相比，运费相当贵。运输单位小，不过，由于大型专用运输机的出现，比起汽车来，运输单位还是大得多。

### 三、蔬菜的质量标志

判断蔬菜加工原料质量的标志有三个：即隐蔽标志、数量标志、感觉标志。这些标志也适用于蔬菜的制成品。

#### （一）蔬菜的隐蔽标志

隐蔽标志或称隐蔽特性，也就是不能凭人们的感官来判断的质量标志，主要是指营养价值、无害掺杂物和有毒物质等。

1. 营养价值　蔬菜是一种特殊类型的植物性食品，其营养价值通常不仅由其热值决定，也由其滋味、香味、维生素、矿物质等和其他食品没有或很少含有的营养成分所决定的。一般认为：果实类和块根菜类其总固形物含量高，营养价值较高，当它们接近成熟时，固形物积累较多，营养素含量提高。但另一方面，许多蔬菜在干物质增加时，质地逐渐变得粗糙多渣而能消化的碳水化合物、蛋白质、矿物质和维生素含量趋于下降，逐渐失去鲜食和加工的价值。消费者虽不熟知每种蔬菜的营养价值，但当营养成分与蔬菜的某种外观品质相结合时，消费者即容易判断。

2. 无害掺杂物和有毒物质　无害掺杂物包括各种添加剂。根据联合国粮食与农业组织（FAO）及世界卫生组织（WHO）的规定：食品添加剂是在食品生产、加工或贮藏过程中，添加到食物中的，期望达到某种目的物质。如用于稳定食品质量的硬化剂、增稠剂；保持和改善食品色、香、味的食用色素、食用香精或香料、调味剂；延长食品保存期的防腐剂、杀菌剂；防止食品氧化的抗氧化剂等都属于添加剂。它不包括残留的农药、污染物质和营养强化剂。

有毒物质来自两个方面：一是蔬菜原料本身所固有的或由某些成分经转化而成的；二是微生物繁殖所分泌的毒素，水、大气、土壤的污染和农药的残毒。当原料中的有毒物质超过一定限度时，可构成对人体健康的危害。在加工中若不能将其降到最低点，即使其他品质指标都很优良，这些蔬菜原料也会失去利用和加工的价值。

（1）有毒成分

①凝集素及酶抑制剂　存在于某些豆类和谷物种子中的有毒性的蛋白质称为凝集素及酶抑制剂。

a. 凝集素　在豆类及一些豆状种子如蓖麻中，含有一种能使红细胞凝集的蛋白质，称为植物红细胞凝集素，简称凝集素。蓖麻、大豆、豌豆、扁豆、菜豆、刀豆、蚕豆等子粒中所含有的凝集素，在生食或加热不足时，食用上述豆类会引起食用者恶心、呕吐等症状，严重者可导致死亡。在工艺上可通过加热处理、热水抽提等手段去毒。

b. 蛋白酶抑制剂　在豆类、谷物及马铃薯等植物组织中存在，其中比较重要的有胰蛋白酶抑制剂和淀粉酶抑制剂。前者主要存在于大豆类和马铃薯块茎等蔬菜原料中。生食这些蔬菜，由于胰蛋白酶受到抑制，会反射性地引起胰腺肿大；后者存在于小麦、菜豆、芋头等食物中，生食会引起淀粉消化率的下降，影响营养的吸收。

②毒肽　是存在于蕈类中的毒素，主要有鹅膏菌毒素和鬼笔菌毒素，误食毒蕈或可食蕈中混入毒蕈可使人中毒死亡，必须引起加工者及消费者的注意。

③有毒氨基酸

a. β—氰基丙氨酸　是一种神经毒素，能引起人休肌肉无力，不可逆的腿脚麻痹，甚至致命。

b. 刀豆氨酸　在许多生物体内是抗精氨酸代谢物，刀豆属中某些品种生食或加热不足引起中毒即为此故。在焙炒或煮沸15～45分钟，即可破坏其大部分。

c. L-3，4—二羟基苯丙氨酸（L-DOPA）　是蚕豆病的病因，症状是急性溶血性贫血。食后 5～24 小时发病，急性发作期可长达 24～48 小时，然后自愈。蚕豆病的发生多数是由于摄食过多的青蚕豆。

④毒苷　植物中存在的毒苷主要是生氰苷类、硫苷类和皂苷类三种。

a. 生氰苷类　存在于许多蔬菜中，特别是仁果类的种仁，如苦杏仁中含量多。由于其水解产物含有氰氢酸，它具有抑制细胞色素的作用，因而造成对人体的危害。

b. 硫苷　甘蓝、萝卜、芥菜等十字花科蔬菜及洋葱、大蒜等葱蒜植物中的主要辛味成分是硫苷类物质，过多摄入硫苷类物质可导致甲状腺肿。油菜、芥菜、萝卜等蔬菜的可食部分中，致甲状腺肿的物质很少，而在种子中含量可达茎、叶部的 20 倍以上。

c. 皂苷类　皂苷或称皂素，是一类广泛分布于植物界的苷类，按苷配基不同，可分为三萜烯类、螺固醇类苷和固醇生物碱类苷等三大类。如茄苷是一种胆碱酯酶抑制剂，它在烹煮以后也不会受到破坏。发芽部位、变绿马铃薯中含量多。当食入茄苷含量达到 38～45 毫克/100 克时，可以致人死亡。

⑤毒酚与毒有机酸　在食物中有显著毒性的代表物是棉酚和草酸。

a. 棉酚　主要存在于棉子子叶的"色素腺"中，呈深褐红色，纯品为黄色。棉酚是毒性物质，它能使人体组织红肿出血，精神失常，食欲不振，体重减轻，影响生育力。对以棉子作为食用油脂和蛋白质来源的食品须引起注意。棉酚的毒性可以用湿热处理法予以消除。

b. 草酸　几乎存在于所有植物中，例如菠菜中为 0.3%～1.2%、食用大黄中为 0.2%～1.3%、甜菜中为 0.8%～0.9%、茶叶中为 0.3%～2.0%，但大多数蔬菜只有上述含量的 1/10～1/5，如莴苣、芹菜、甘蓝、花椰菜、萝卜、胡萝卜、马铃薯、豌豆、菜豆等。过量食用含草酸多的蔬菜及加工品，表现为口腔和消化道糜烂、胃出血、血尿、惊厥。

（2）微生物毒素　许多污染食品的微生物在其生长过程中可产生对人、畜有害的毒素，这类有毒物质称为微生物毒素。现已发现与蔬菜原料有关的两种致癌物质——黄曲霉素和棒曲霉素。

①黄曲霉素　黄曲霉素有很多种类，其中以黄曲霉素 $B_1$ 最为常见，产生这种毒素的霉菌主要有两种，即黄曲霉菌和寄生曲霉菌。大豆、小麦、花生、马铃薯干等原料，均易生长此类曲霉而产生黄曲霉素，如果用生过霉的原料，就有可能将霉菌毒素带到加工品中。黄曲霉素对热、酸和碱都较稳定，加工中应予注意。

②棒曲霉素　棒曲霉素为棒曲霉菌产生的毒素。除棒曲霉菌外，青霉菌和绿衣霉菌也可产生棒曲霉素。这种菌毒对热稳定，在稀酸中也较稳定，所以在含酸的加工品中更应引起重视。甘薯是世界许多地区种植的作物，现已知道导致甘薯产生毒素的霉菌是甘薯黑斑病菌和茄病镰刀菌。与上述毒素不同的是它不是霉菌的代谢产物，而是甘薯被霉菌寄生后，作为生理反应而产生的次生产物。

（3）污染与残毒　蔬菜加工原料还存在着污染和残毒问题。污染源主要来自两个方面：一方面是工业的三废污染了水源、土壤和大气，致使其在蔬菜组织中集聚；另一方面是随着农药、化肥的大量使用，因农药的残留而造成蔬菜加工原料的污染，其中尤以加工用水更为重要。蔬菜一般因接近地面生长，加之栽培管理与果品不同，接触污染物和化学肥料与农药的机会较多，所以这个问题对蔬菜更显突出。

①多氯联苯化合物　多氯联苯化合物（简写 PCBs）是有机化学环境污染物中受到极大关注的目标之一。环境中的 PCBs 大部分来自工业废弃物。PCBs 的毒性不太大，中毒者的临床表现为皮疹、色素沉着、浮肿、无力、呕吐等症状。

②农药的污染　有机农药的大量使用，在保护农作物、提高农业产量上起了很大的作用，但另一方面，农药也能对人、畜带来危害。有机氯、有机磷、有机汞是农药中种类最多的三大类，

农药急性中毒有 3/4 以上是由这三类农药引起的。动物实验已经证明，DDT、六六六等可致肝癌，不仅会危害人体健康，还会造成产品的苦味和霉味，在加工中应将其除去。

（二）蔬菜的数量标志

"没有产量也就没有质量"。可见蔬菜产品的数量也是一个重要的质量标志。确定一个品种的加工性，首先应考虑的即产量，原料的数量标志主要包括蔬菜品种的产量，制成品的产量与吨耗。

1. 蔬菜品种的产量　蔬菜产量的高低，决定于品种的丰产性和抗病性以及其他因素，两者都能降低农业生产成本和加工费，这对农业和工业都很有意义。蔬菜产量包括两个方面：一是生物产量，是指作物在生育期间生产和积累有机物的总量，即整个植物（一般粮油作物不包括根系，而蔬菜则包括块根、块茎等地下的可食部分）总干物质的收获量；二是经济产量（即一般所指的产量），是指栽培日的所得到的产品收获量。由于作物和蔬菜种类与栽培的目的不同，它们被用作产品的部分也就不同。

2. 蔬菜制成品产量　加工者在蔬菜的数量标志上除了考虑其品种的产量特性外，更要注意的是生产一吨产品所需要的原料成本，一般以一吨成品所需耗用的原料进行计算，即为吨耗，吨耗愈大成本愈高。如罐头生产上，罐头的产量系指罐头已完成全部生产工艺过程（即从投料开始，至常温或保温处理完毕），经工厂包装完整、检验入库的合格品数量。不合格品、废品及厂检验抽样数量不应包括在产量之内。采购原料量指符合采购规格的原料量，包括从原料交货到投入车间前的途耗、仓耗，以及选料处理等损耗。它为考核企业原料消耗和编制原材料采购计划提供依据。

（三）蔬菜的感觉标志

感觉标志即凭人们的感官进行评价的一种质量特性，包括色泽、缺陷（伤残、污点以及其他）、大小、形状、口和手的触感如粗、滑、气味和风味等。

表 1-1　肉质组织机械特征（Abbott 1972）

| | 特性 | 定　义 | 表示用语 |
|---|---|---|---|
| 基本特性 | 硬　度 | 用槽牙咬进样品时所用的，或在舌头和上颚之间进行压迫使其变形时所用的力 | 柔软的<br>坚固的<br>硬的 |
| | 黏着度 | 组织破碎前变形的程度 | |
| | 黏（滞）性 | 用匙子将液体移到舌头上时所用的力 | 稀薄的<br>水多的<br>浓的 |
| | 弹　性 | 加力使样品变形，去掉力时样品恢复的程度 | 弹性的 |
| | 附着性 | 咀嚼中将附着在口内（一般在上颚）的样品拉开时所用的力 | 黏的<br>发黏的<br>甜腻的 |
| | 破碎性 | 破碎时所需的力，垂直加力的情况下，使碎片从加力点向水平方向移动时所需的力，在硬度大、黏着度小的情况下所产生的力 | 粉碎的<br>破碎的<br>易碎的 |
| | 咀嚼性 | 使固体物达到可以咽下的状态时所需要的咀嚼时间或咀嚼的次数，与硬度、黏着度有关 | 软的脆的<br>咀嚼的<br>黏的、韧的 |
| | 胶黏性 | 使半固体物达到可以咽下的状态时，破碎过程中所需要的能量，这是在黏着度大、硬度小的情况下所产生的力 | 短的<br>粉状的<br>糯糊状的<br>胶黏的 |

1. 色泽　色泽与蔬菜所含化学成分有关，不同的制品要求蔬菜原料具有不同的色泽。花青素是水溶性的，故而在罐藏过程中会溶入汤汁，所以会影响到果块和汤汁的色泽。花青素对光敏感，在光照下，能促使其变成褐色，这对蔬菜的贮藏和加工极为不利。贮藏加工条件改变，可使蔬菜的颜色发生改变。此外，色泽还和成熟的程度有关。它还是判断蔬菜成熟程度的一个重要标

志。在色泽上，制成品的质量以符合蔬菜品种原有的色泽为好。

2. 大小与形状　一般要求蔬菜大小形状比较整齐，以便大规模的机械处理。其废料少，生产快速，便于获得均匀一致的高质量产品，有利于为消费者提供所需的果形产品。生产上对果实大小的要求常在于大，因为果实个体的大小与亩产量成正比。在加工上，损失较少，出品率高。但有些产品却有例外，如用来制作番茄罐头就用中等大小的果实为宜，过大、过小都不能制成高质量的罐头。

3. 肉质组织　肉质组织的结构特性是蔬菜固有的重要属性。质地特性即各种接触感觉，如硬度、柔嫩性、汁液性、沙砾性、纤维性和粉粒性等，这些特性通常有相应的仪器来测定。在感官上，蔬菜肉质组织特指当吃蔬菜时，产生软硬、粗滑、咬时感触的物理特性。影响蔬菜肉质组织的因素很多，主要是细胞间的结合力。这取决于果胶物质的多寡和分解程度，还与纤维素的含量相关的细胞壁和机械强度有关。

4. 蔬菜品质的感官评定　水果和蔬菜原料及其加工品的营养价值可由化学分析得出，卫生状态可用微生物检验法来确定。而正确辨别水果和蔬菜及其产品滋味、气味的方法，是采用感官评价法，或称感官鉴定法。

我国民间称"甜、酸、苦、辣、咸"为五味，再加上鲜味和涩味则可分为 7 味。在生理上则分为"甜、酸、苦、咸" 4 个基本味，原因是辣味、涩味等是由于压力、温度、疼痛等所引起的触觉。如涩味这是一种舌体黏膜的收敛感，主要是由单宁引起的。辣味不是味觉，是刺激口腔黏膜引起的疼痛感觉。而鲜味是 4 个基本味的综合还是独立的味，尚在争论之中，但日本学者认为鲜味也是一种基本味觉，因为它不属于上述 4 种原味中的任何一种，并有独立的呈味物质，如谷氨酸钠、肌苷酸等。

# 第三节　蔬菜的贮藏

新鲜蔬菜如保藏措施不当，即会腐败变质。引起腐败变质的原因主要有两方面：一是食品本身所含的酶以及周围环境中的理化因素（温度、湿度、光、气体等）引起物理、化学和生物化学的变化；二是微生物活动引起的腐烂和病害。无论采用何种贮藏方式，其目的都是能有效地控制或消除上述两个基本因素，防止食品败坏变质。

## 一、蔬菜的贮藏原理

蔬菜收获后，水和无机物供应全部断绝，光合作用基本停止，呼吸成了新陈代谢的主导过程，它同各种生理生化过程都有密切联系，并制约着这些过程，因此它也会影响到蔬菜采后全部过程中质和量的变化，影响到蔬菜的耐贮性、抗病性的变化和整个贮藏寿命。

（一）呼吸作用

1. 呼吸的基本概念　呼吸的定义有两个：一个是广义的，它包括有氧呼吸和无氧呼吸（缺氧呼吸）；另一个是狭义的，专指有氧呼吸，即生物体吸收氧气，在体内一系列复杂的酶系统的参与下，进行氧化还原，将复杂的物质分解为简单的产物，并释放出二氧化碳和能量的过程。

（1）有氧呼吸和缺氧呼吸　有氧呼吸和缺氧呼吸是植物呼吸作用的两种形态。有氧呼吸必须从空气中吸收分子态氧，将有机物最终彻底氧化成水和二氧化碳。这是植物主要的呼吸方式。缺氧呼吸是不从空气中吸收氧，参与呼吸的有机物不能被彻底氧化，结果形成乙醛、乙醇等物质。这些物质对细胞有毒，浓度高时能杀死细胞。因此在蔬菜贮藏过程中，无论由何种原因引起缺氧呼吸的加强，都将干扰、破坏正常的代谢，都是有害的。

（2）呼吸强度、呼吸商、呼吸消耗和呼吸热

①呼吸强度　呼吸强度是在一定温度下，单位时间内一定重量的蔬菜吸收的氧气或放出的二氧化碳的量，用 RI 表示。呼吸强度反映了物质量的变化，在采后生理研究和贮藏实践中，是最重要的生理指标之一。

②呼吸商　呼吸中释放出的二氧化碳和吸进的氧气的容积比称为呼吸商或呼吸系数。呼吸商越大，缺氧呼吸所占的比例越大。因此根据呼吸商可大致了解缺氧呼吸的程度。

③呼吸消耗　呼吸要消耗呼吸底物（糖类、蛋白质和脂肪），造成采后蔬菜干物质的减少，从而形成蔬菜在贮藏期中的失重和失鲜，降低其营养价值和商品价值。

④呼吸热　呼吸消耗呼吸底物的同时释放能量，这些能量只有一小部分用于维持生命活动及合成新物质，大部分以热能的形态释放至体外，称为呼吸热。呼吸热是与呼吸消耗同时产生的。呼吸热的积累使贮运环境的温度升高。所以蔬菜在贮藏过程中，必须随时排除蔬菜释放的呼吸热（及其他热源），才能保持贮藏库内恒定的温度。

2. 呼吸同蔬菜贮藏的关系　从消耗呼吸底物的角度来说，呼吸作用是消极的，因此在贮藏中要求尽量降低蔬菜的呼吸强度，以节约呼吸底物的消耗。但呼吸也有积极的一面，许多呼吸中间产物是重新合成新物质的原料，通过这些物质转变，使糖代谢与脂肪、蛋白质及其他物质的代谢联系在一起，呼吸作用不仅密切影响到植物组织和器官的成熟、衰老、抗病、愈伤等过程，也密切影响蔬菜的耐贮性、抗病性的发展和变化。

当处于逆境、遭到伤害和病虫侵害时，则表现出一些积极的生理功能：抑制水解作用加强；氧化破坏病原菌分泌的毒素，防止毒物的积累；恢复和修补伤口，合成新细胞所需的成分。随着成熟衰老的进行，蔬菜组织的代谢活性降低，使呼吸的保卫反应削弱，容易感染病害。当组织受到机械伤害时，创伤部位周围呼吸作用增

强，以恢复自己结构的完整。这种较完整组织加强了的呼吸作用，被称为"伤呼吸"。由于伤呼吸的进行，使呼吸消耗和呼吸热增加，水分散失增多，使蔬菜的品质下降，抗病力也降低。

3. 影响蔬菜呼吸的因素

（1）蔬菜的种和品种　不同种的蔬菜呼吸强度相差很大。通常是叶菜类的呼吸强度最大，果菜类次之，长成了的直根、块茎、鳞茎类相对较小。在品种之间，其呼吸强度的差异也较大，常可见晚熟品种呼吸较强，早熟品种呼吸较弱。品种属性与呼吸强度之间的这种关系，在一定程度上同氧化系统的活性有联系。一般是晚熟品种有较活泼的氧化系统。这虽然使呼吸强度增加，但能保持较大的有氧呼吸比例，并且在不良环境条件下仍能保持比较正常的呼吸代谢。

（2）发育年龄和成熟度　在植物的个体发育和器官的发育过程中，幼龄时期呼吸强度大，随后总的趋势是下降，直至死亡。幼嫩蔬菜呼吸强，是因为正处在生长最旺盛的阶段，各种代谢过程都是最为活跃，同时表层保护组织尚未发育或结构还不完整，细胞间隙大，便于气体交换，内层组织也能获得较充足的氧。老熟的蔬菜，新陈代谢强度低，表皮组织和蜡质、角质保护层加厚，细胞间隙被堵塞，阻碍了气体的交换，使呼吸强度下降。

（3）温度　温度是影响呼吸作用最重要的环境因素。在一定范围内，温度升高，酶活性增大，呼吸强度增强。通常在5℃～35℃的范围内，温度每上升10℃，呼吸强度增大1～1.5倍。这一特点表明，蔬菜贮藏应该严格控制好适宜的稳定低温。但许多喜温蔬菜，如茄果类、部分瓜果和豆类、姜、甘薯等，都有一个适宜的低温限度。低于这个限度，就会引起呼吸代谢反常，导致冷害。经过"冷处理"的蔬菜，温度升高时呼吸作用骤然增强，冷藏的蔬菜出库后就可见到这种现象，含淀粉多的蔬菜尤其明显。经常波动的温度对细胞原生质有刺激作用，能促进呼吸，所以蔬菜贮藏时应力求库温恒定。

（4）空气成分　空气成分是影响蔬菜呼吸作用的另一个重要的环境因素。降低空气中氧气的浓度，呼吸会受到抑制。一般要使空气中氧气的浓度降至 $5\%\sim7\%$，蔬菜的呼吸强度才会有明显的降低。但氧气含量过低，又会促进缺氧呼吸，表现呼吸商增大，呼吸底物消耗增多，同时积累乙醇、乙醛等物质，出现生理病害，即所谓缺氧障碍。空气中增高二氧化碳浓度，呼吸也会受到抑制。对于大多数蔬菜来说，比较合适的二氧化碳浓度为 $1\%\sim5\%$，二氧化碳浓度过高也会造成蔬菜中毒，其危害比缺氧障碍还严重。不过氧气和二氧化碳之间有颉颃作用，二氧化碳的毒害可因氧气浓度的提高而减轻。另一方面较高浓度的氧气伴随较高浓度的二氧化碳，对植物的呼吸能起到明显的抑制作用。氧气和二氧化碳对呼吸作用的影响及两种气体间的相互颉颃作用，是气调贮藏的理论依据。

（5）机械伤害和病虫害　任何机械伤害，即使是轻微的挤伤或压伤，也会引起呼吸加强。生产中震动对蔬菜的危害常被忽视，震动常会造成内伤，与外伤对生理活动带来的影响一样。通常认为伤口和创面破坏了细胞结构，加速了气体的扩散，也增加了酶和反应物接触的机会，因而加速了呼吸作用的进行。主要表现为呼吸的保卫反应，抵抗病菌，加速愈伤和修复组织。呼吸作用的增强加速了乙烯的合成过程，乙烯的产生反过来刺激呼吸作用。虫蚀的影响与机械伤害相似，当受到病菌侵害时，被侵害的组织会产生保卫反应，其主要表现是呼吸加强。

（二）蒸散和萎蔫

新鲜蔬菜含水量很高，一般在 $65\%\sim96\%$，在贮藏中容易因蒸发脱水而引起组织萎蔫、疲软、皱缩，光泽消退、蔬菜就失去新鲜状态。

1. 蒸散、萎蔫对蔬菜贮藏的影响

（1）失重和失鲜　蔬菜在贮藏过程中因不断的蒸散脱水而产生的最明显的现象是失重和失鲜。失重即"自然损耗"，包括水分和干物质两方面的损失，其中主要是水分。这是蔬菜在贮藏过程中数量上的损失。失鲜是质量方面的损失。不同蔬菜的具体表现有所不同，萝卜糠心的原因之一就是蒸散脱水，但外表有时不易察觉。失鲜表现为形态、结构、色泽、质地、风味等多方面的变化，综合影响到食用品质和商品品质。

（2）破坏正常代谢过程　蒸散作用包括三个过程，即水分子从蔬菜表面进入周围大气，水从蔬菜内部组织移向表面组织，水从细胞内向细胞间隙移动。所以蒸散直接造成细胞脱水。如果只是轻度脱水，可以使冰点降低，提高抗寒能力，细胞膨压稍有下降，组织较为柔软，有利于减少运输和贮藏处理时的机械伤害。如脱水严重，细胞液中某些离子浓度增高，会对细胞产生毒害，酶的活性加强，加速了物质的水解。更严重者扰乱正常的新陈代谢，改变呼吸途径，产生并积累某些分解产物使细胞中毒。

（3）降低耐贮性、抗病性　蒸散萎蔫破坏正常的代谢作用，水解过程加强，细胞膨压降低造成结构特性改变等，都影响了蔬菜的耐贮性、抗病性。研究表明，组织脱水萎蔫的程度越大，抗病性下降得越剧烈，腐烂率就越高。

2. 影响蒸散作用的因素

（1）表面积比　它是指物体单位重量（或体积）所占表面面积的比率。就蔬菜而言，其表面积比越大，蒸散作用越强。因此叶菜类在贮运中最易脱水萎蔫。同一种蔬菜，在其他条件相同时，小个头产品的蒸散作用要比大个头的强。

（2）表面保护结构　植物器官的水分蒸散有两个途径：一是通过表皮层；二是通过自然孔道。气孔蒸散的速度比表皮层蒸腾要快得多。叶菜类易脱水萎蔫除因表面积比较大以外，与气孔蒸腾占优势也有很大的关系。表皮层蒸散，因表面保护层的结构和化学成分而有较大的差异。幼嫩蔬菜最外层的保护层尚未发育或发育不完全，极易蒸散脱水。随着成熟，角质层发育，加厚结构变得更完整，有的蔬菜表面还有蜡层、蜡粉或油。这些都有利于保持水分、减少蒸腾作用。有些蔬菜收获后要进行愈伤或晾晒，如马铃薯经过愈伤能在创面形成完好的周皮组织和木栓层，洋葱经晾晒使外层鳞片膜质化，这些处理都能加强表面保护的作用。

（3）细胞的保水力　指植物细胞能保持水的能力。它与细胞中可溶性物质和亲水性胶体的含量有关。细胞中可溶性物质和亲水性胶体含量高，则有利于细胞的保水，可阻止水分向外渗透到细胞壁和细胞间隙。

（4）空气湿度　空气的湿度也直接影响蔬菜的蒸腾、蒸散强度。空气湿度达到饱和的含水量称饱和湿度，空气中的实际含水量称绝对湿度。在生产实践中常以测定相对湿度来了解空气的干湿程度。另外，通风会改变空气的绝对湿度。当空气静止时，蔬菜因自身的蒸腾作用而使周围空气的湿度不断增多，趋于饱和，蔬菜处在湿度较高的环境中，蒸腾作用比较缓慢。空气流动速度越快，蔬菜的蒸腾作用越强。此外，光对蔬菜的蒸腾作用也有促进作用。光能刺激气孔开放，并刺激呼吸和酶的活性。

3. 凝水及其危害　蔬菜在贮运时常成大堆散放，有时可见到表层的产品湿润或有凝结水珠。蔬菜用塑料薄膜封闭贮藏时，薄膜内侧也总有水珠凝结。这种现象就是"出汗"。凝水的原因是空气温度降到露点以下，过多的水汽从空气中析出而在物体表面凝成水，温度在0℃以下就结成霜。大堆蔬菜或塑料薄膜封闭贮藏时，因内部产生呼吸热，温度总是比外部高，湿度也高，在冷热交界的界面上就会凝结一些水珠，内外温差越大，凝结的水珠也越大越多。凝水标志该处的空气湿度极高，特别是附着在或滴落到蔬菜表面的液态水，十分有利于微生物孢子的传播、萌发和侵入。所以凝水必然导致腐烂损失的增加。防止凝水的原则就是设法消除或尽量缩小温差。

（三）成熟与衰老

蔬菜在生理上经历着一个由幼嫩、成熟到衰老的过程。在组织和细胞形态、结构、特性等方面发生一系列变化。在这些变化中，蔬菜的耐贮性和抗病性也发生相应的改变。总的趋向是不断衰降。

### 1. 生长发育和成熟衰老

（1）生长发育　蔬菜在生长阶段通过合成作用建造自身，使得细胞不断分生，增长，细胞数目增多，体积增大，比重增加，细胞组织也由小变大，由少变多，组织结构也不断完善，这个过程是植物从细胞、组织、器官水平上量的增长过程，称为"生长"。当植株成长到一定程度就伴随着生殖生长的开始，如花芽分化、开花、结果、形成种子，这个质上变化的时期称为"发育"。

（2）成熟与衰老　果实达到成熟阶段逐渐形成品种固有的色泽、风味、香气、质地和营养物，表明达到最适食用阶段。此时，在生理上也发生一系列变化如呼吸增强、乙烯产生、物质消长、结构松软等。在成熟的进程中，可分为不同的成熟度，当成熟度达到一定要求时，就必须采收。但很多果实可在采收后继续完成成熟过程，这一过程的长短可人为地进行适当的控制，这为贮藏提供了极为有利的条件。

### 2. 物质转变与后熟衰老

（1）同类物质间的转化、合成与降解作用　蔬菜采收后一个重要的物质转变过程就是：同类物质间的水解过程。如淀粉被分解成双糖再至单糖；原果胶分解成果胶，再分解成果胶酸；蛋白质分解为氨基酸等。果胶中甲氧基和钙从半乳糖醛酸中脱出而导致果肉的软化，叶绿素的分解破坏也是造成叶绿体崩溃的原因之一。另一方面，各类物质从合成到水解的动态平衡又是不断变化的，这一变化总的趋势是随着成熟衰老过程的加深，合成过程不断减弱，水解过程不断加强，结果导致组织内积累大量的水分子和水解产物，这些物质特别是单糖的积累给呼吸提供了最容易利用的原材料，同时果胶的变化使坚硬的组织变软，降低了蔬菜抵抗机械损伤的能力，而这些降解过程对微生物是极为有利的，为其生长发育、繁殖浸染创造了条件。因此，水解作用的加强，就是细胞衰老的主要特征。

（2）物质在组织和器官之间转移与再分配　蔬菜采收后出现许多外观的变化，如绿色褪去变黄。以黄瓜为例，其梗端组织中的水分和养分按一定的规律向花端转移，供给种子发育，促使花端部膨大，结果梗端空虚而干缩。又如萝卜和胡萝卜肉质根糠心，发芽抽薹等，这些现象是由植物内部物质发生了转移和再分配造成的。

（3）物质的重新组合　蔬菜在成熟衰老过程中，一些中间产物和降解产物可作为重新组合成其他物质的原料。外观色泽的变化是生理变化的明显反映，它有一定的物质基础。绿色的番茄、青椒等成熟时就显现出红、黄等品种固有的色泽，这是因为叶绿素分解消失了，合成了新的色素物质胡萝卜素、番茄红素等。

3. 成熟衰老的调节　有生命的蔬菜具有天然的耐贮性和抗病性，但这种特性由于生命活动消耗了养分而不断衰降，这是我们要加以调节限制的。因此，我们可将蔬菜贮藏保鲜基本原理概述如下：根据蔬菜采后生理变化的规律，控制适当的条件，使蔬菜充分发挥其本身的耐贮性、抗病性，同时使二种性质的衰变尽量延缓，有效地保持蔬菜的品质和风味，延长贮期，降低损失，减少腐烂。

（1）乙烯的作用　乙烯能促使很多果实成熟，即使在很低的浓度下，乙烯也具有催熟效应，所以有人将它称为"成熟激素"。实验表明，乙烯对糖酵解和呼吸有刺激作用。乙烯能刺激氧化酶和水解酶（淀粉酶、过氧化物酶、接触酶），并钝化这些酶的抑制剂。

（2）其他植物激素的作用　生长素、赤霉素和细胞分裂素等，它们在果实中有抑制衰老的功能，生长素具有抑制组织衰老的作用，是因为它能抑制核糖核酸酶的活性，从而抑制核酸和蛋白质的分解，细胞分裂素的作用在于它能使细胞结构恢复，并对引起衰老组织分解的 RNA 酶、DNA 酶、肽酶的活性有抑制作用。

（3）钙的作用　钙在调节植物呼吸和推延衰老方面，及在防止蔬菜代谢病害方面，都有重要的作用。钙的作用机理是能加强细胞器的膜结构，保持膜的完整性，保护膜免于解体。

4. 控制蔬菜成熟衰老的外界条件和措施

（1）温度　温度对采后蔬菜的影响主要表现在对呼吸作用的影响上。事实上，温度升高，加快了蔬菜的呼吸作用、蒸腾作用、乙烯的产生、后熟老化和水分、养分的损耗，这些数量上的变化将随着时间的推延引起质变，即引起代谢失调，导致生理障碍，这将大大降低蔬菜的耐贮抗病性能，继而引起外部浸染，因随着温度的升高，微生物的活动也加剧。

低温贮藏是普遍采用的蔬菜保藏技术。但并非所有的蔬菜都适宜于低温，不同的蔬菜对低温的反应不同，原产于寒温带的蔬菜能耐受较低的温度。甘蓝、大白菜、蒜薹可在 0℃ 左右的低温下较长时期贮藏，效果好。

①冷害　冷害是指由蔬菜组织冰点以上的不适低温造成的危害。多发生于原产热带、亚热带的蔬菜，如黄瓜、青椒、菜豆等。冷害的症状，主要是内部组织变黑、干缩，外表出现凹陷斑块，局部组织坏死，皮软而薄的（西红柿、黄瓜）容易出现水浸状，有异味，有的果实表皮变色，绿熟果不能正常成熟。

②冻害　冻害是指由蔬菜组织冰点以下的低温造成的伤害。在外界温度不断下降的过程中，细胞间隙的纯水逐渐形成很小的冰晶，冰晶扩大使原生质和细胞液中水分通过细胞膜进入胞间隙，使冰晶继续增大，如此不断，就可造成原生质脱水变性，同时大的冰晶还可造成细胞的机械伤害，最后原生质胶体体系遭到破坏，使细胞死亡。在引起冻害的温度下，温度越低，组织受害越快；低温持续的时间越长，受害越重。在一定的时间内，冻结中的产品保持静止，不予触动，则组织可保持过冷状态，不结

冰，一旦受震动，立即开始结冰。对冻结的蔬菜解冻时，温度的选择很重要，不可过高或过低，一般认为 4.5℃～5℃较适宜。

（2）湿度　空气湿度的高低，一方面影响到蔬菜的蒸腾作用，另一方面影响到微生物的活动。从降低蒸腾作用防止组织萎蔫来说，应保持高湿度。但空气湿度越高，越有利于微生物活动，也就越容易引起产品发病腐烂。因此在实际控制贮藏湿度时，必须作全面的考虑，将湿度维持在适当的水平。确定贮藏湿度，要同时考虑到贮藏温度。高湿高温的条件最有利于微生物活动。从表1－2还可以看出，那些贮藏温度要求较高的蔬菜，如绿熟番茄、黄瓜等，应该维持的相对湿度比那些要求温度较低的蔬菜（如芹菜、菜花）要低些。

表1－2　一些蔬菜的适宜贮藏温湿度

| 种类 | 温度（℃） | 相对湿度（%） | 种类 | 温度（℃） | 相对湿度（%） |
|---|---|---|---|---|---|
| 绿熟番茄 | 10～12 | 80～85 | 马铃薯 | 3～5 | 80～85 |
| 红熟番茄 | 0～0.5 | 85～90 | 姜 | 10～15 | 85～90 |
| 甜椒 | 7～9 | 85～90 | 甜菜 | 0～1.5 | 88～92 |
| 茄子 | 7～10 | 85～90 | 芋头 | 10～15 | 85～90 |
| 黄瓜 | 10～13 | 85～90 | 山药 | 15.5 | 85～90 |
| 西瓜 | 3～10 | 85～90 | 白菜 | 0～1 | 85～90 |
| 南瓜（老） | 3～4 | 70～75 | 甘蓝 | −1～0 | 90～95 |
| 青豌豆 | 0 | 80～90 | 菠菜 | −6～0 | 95 |
| 扁豆 | 1～7.5 | 85～90 | 芹菜 | −2～0 | 90～95 |
| 萝卜 | 1～3 | 90～95 | 生菜 | 0～1 | 95～100 |
| 胡萝卜 | 0～1 | 90～95 | 菜花 | 0～0.5 | 90～95 |
| 洋葱 | −3～0 | 75～80 | 莴苣 | 0～1 | 85～90 |
| 大蒜 | −1～0 | 75～80 | 蒜薹 | −1～0 | 90～95 |

（3）气体成分　改变普通空气的组成，适当降低 $O_2$ 分压，或适当增高 $CO_2$ 分压，都有抑制植物体呼吸强度、延缓完熟老化过程、阻止发芽抽薹、抑制微生物活动等作用，同时控制 $O_2$ 和 $CO_2$ 两者的含量，可以获得更好的效果。控制适当的气体组成，

即使温度较高，也有比较明显的减少损耗、延长贮期的效果。气调和冷藏结合，则是当前国内外生产上最现代化的蔬菜贮藏方法。

（4）辅助性处理　在贮藏实际中，为了加强蔬菜的耐贮抗病性能，提高贮藏效益，常采用一些辅助性处理措施，包括涂被、化学防腐和植物激素处理等。

（四）休眠

1. 休眠现象　一些块茎、鳞茎、球茎、根茎类蔬菜，当遇到与自身不适宜的环境条件，为了适应环境，保持自己的生活能力，有的器官产生暂时停止生长的现象，这就是"休眠"。具有休眠特性的蔬菜在采收后，就渐渐进入休眠状态，这时，积累在机体内的营养物质的消耗和水分的散失等各种代谢过程都降低到最低水平，机体进入相对静止状态。这一特性对贮藏保鲜是十分有利的，它起到了保存产品本身的质量，延长贮藏寿命的作用。

（1）休眠的分类　休眠器官，一般都是植物的繁殖器官。它们在经历了一段休眠期后，又会逐渐脱离休眠状态，如遇适合的环境条件就会迅速地发芽生长。休眠可分两类：

①生理休眠（自发性休眠）　这是植物内在的因素引起的休眠，即使给予适宜的条件仍要休眠一段时间，暂不发芽，这种休眠为生理休眠。

②被迫休眠（他发性休眠）　指出环境条件中的不适因素造成的暂停发芽生长现象。当不适因素得到改善后生长便可恢复，这种休眠为被迫休眠。

（2）休眠的阶段　生理休眠可分为以下 3 个阶段：

①休眠前期（休眠诱导期）　蔬菜采收后，为适应新的环境，表层和角质层加厚，或形成膜质鳞片，以减少水分蒸发和病菌侵入，加强对自身的保护，这个阶段称为休眠前期。

②生理休眠（真休眠或深休眠）　这一阶段植物处于相对静止的状态，一切代谢活动已降至最低限度，细胞结构出现了深刻

的变化，即使提供适宜的条件也暂不发芽生长。

③休眠后期（强制休眠）　通过生理休眠后，如环境条件不适抑制了代谢的恢复，使器官继续处于休眠状态称强制休眠。外界条件一旦适宜，便会打破休眠，萌芽生长。

具有典型生理休眠阶段的蔬菜有洋葱、大蒜、马铃薯、生姜等。大白菜、萝卜、莴苣、花椰菜等，不具生理休眠阶段，在贮藏中常因低温等条件抑制了发芽而处于强制休眠状态，低温可使这些蔬菜通过春化阶段，开春以后温度回升，就很容易发芽抽薹。

2. 影响休眠的因素

（1）休眠的长短，因蔬菜的种类、品种、栽培条件和贮藏条件而有所不同。一般来说品种的熟性影响着休眠期的长短，早熟与中早熟种，休眠期短；晚熟与中晚熟种，休眠期长。地理位置不同，土壤条件、气候条件的明显差异，也导致了同一品种的熟性表现不同。

（2）日照对休眠的影响。对于很多休眠器官来说，短日照是诱导休眠的重要因素之一。但洋葱的休眠则是在长日照条件下形成的。

（3）温度对休眠的影响。低温处理（0℃～5℃）可使洋葱等解除休眠，但马铃薯在22℃下比在10℃下更快地解除休眠。低温有利于休眠的进行。

（4）氧气对休眠的影响。高浓度的氧气导致休眠。当氧气浓度由21%下降到10%左右时，休眠结束。此外潮湿条件下休眠结束得早，高湿度有利于休眠器官的发育。

3. 休眠的控制和利用　在生产实践中，有时为了保持蔬菜的品质必须抑制发芽、抽薹，延长贮藏期，这就需要让产品保持休眠状态。低温、低氧、低湿和适当地提高二氧化碳浓度等改变环境条件抑制呼吸的措施都能延长休眠，抑制萌发。气调贮藏对抑制洋葱发芽和蒜薹薹包膨大都有显著的效果。与此相反，适当的高温、高湿、高氧都可以加速休眠的解除，促进萌发。生产上催芽一般要提供适宜的温、湿环境也是同一道理。

此外，根据激素平衡调节的原理，可以利用外源提供抑制生长的激素，改变内源植物激素的平衡。从而延长休眠。采用辐照处理块茎，鲜茎类蔬菜，防止贮期中发芽，已在世界范围内得到公认和推广。经处理的蔬菜可长期不发芽，并在贮期中保持良好的品质。

**二、蔬菜的贮藏方式**

蔬菜贮藏的方法就降温的方式来分，可分为自然降温和人工降温两大类。前者包括各种简易贮藏和通风库贮藏，利用自然低气温来调节并维持贮藏室内的低温，是我国目前普遍采用的贮藏方式。人工降温贮藏方法包括冰窖贮藏、机械冷藏和气调冷藏，利用冰（或雪）融解吸热或用机械制冷来创造贮藏低温，大都不受自然气温和季节限制，可以广为应用。

**（一）蔬菜的简易贮藏**

简易贮藏包括堆藏、沟藏（埋藏）和窖藏 3 种基本形式，以及由此而衍生的假植贮藏和冻藏。这些都是利用自然低温来尽量维持所要求的贮藏温度，所需结构设备简单。

1. 贮藏方法

（1）堆藏和沟（埋）藏　堆藏和沟（埋）藏都是设置在田间或空地上的临时性贮藏场所。应用时建造，贮藏结束便拆除填平，基本不影响田间耕作，它们的结构都非常简单，一般不需要特殊设备，所用覆盖物可以因地制宜、就地取材。

堆藏是将蔬菜直接堆放在田间地面或浅坑中，或在荫棚下堆成圆形或长条形的垛，表面用土壤和席子、秸秆等覆盖，维持适宜的温湿度，保持产品的水分，防止受热、受冻和风吹、雨淋。蔬菜贮藏堆的宽度和高度应根据当地气候特点、蔬菜种类及用途而定。堆的长度不限，以菜量多少而定，但也不宜太长，以便于操作管理。菜堆一般都呈脊形顶，以防止倒塌，不易倒塌的（如编辫的洋葱、大蒜）可堆成长方形，平顶。

沟（埋）藏是将蔬菜堆放在沟或坑内，达到一定的厚度，表面用土壤覆盖。沟（埋）藏的保温保湿性能比堆藏好，广泛应用于我国北方各地，多用来贮藏根菜。

（2）窖藏　窖藏略与沟藏相似，其优点是适于贮藏多种蔬菜，贮藏效果较稳定，风险性较小，可自由进出及检查产品，便于调节温湿度。窖藏在我国南北方各地都有应用，有多种形式：棚窖、井窖和窑窖等，其中以棚窖最为普遍。

（3）冻藏和假植贮藏　冻藏和假植贮藏是沟藏和窖藏的特殊利用形式。冻藏多用于耐寒绿叶菜，假植贮藏广泛用于各种绿叶菜和幼嫩蔬菜。

①冻藏　冻藏是在入冬上冻时将收获的蔬菜放在背阴处的浅沟内，稍加覆盖。利用自然低温使蔬菜入沟后能迅速冻结，并且在整个贮藏期间始终保持冻结状态。冻藏主要应用于耐寒性较强的菠菜、芫荽、油菜、芹菜等绿叶菜。冻藏与普通沟藏的主要区别在于冻藏沟较浅，覆盖层薄。冻藏多用窄沟（宽约 0.3 米），如用宽沟（1 米或更宽）须在沟底设通风道，一般都要设置阴障，避免阳光直射。这些都是为了加快蔬菜入沟后的冻结速度，并防止忽冻忽化造成腐烂损失。

②假植贮藏　假植贮藏是把带根收获的蔬菜密集假植在沟或窖内，使蔬菜处在极其微弱的生长状态，但仍保持正常的新陈代谢，其实质是一种抑制生长贮藏法。这种方法主要用于芹菜、油菜、莴苣、水萝卜等蔬菜。覆盖物一般不接触蔬菜，菜面有一定空隙层，有的在窖顶只做稀疏的覆盖，能透入一些散射光。土壤干燥处常须补充土壤水分的不足，灌水还有助于降温。

2. 管理措施　影响简易贮藏效果的因素很多，受外界条件的影响很大，因此在管理上应根据各种贮藏形式的特点和性能，结合当地气候条件、土壤条件、产品种类品种、数量质量以及贮藏期长短等予以适当的管理。

（1）选择场地　简易贮藏主要是利用土壤的保温保湿性能，且多数是深入地下，所以应选择地势平坦高燥、土质较黏重、地下水位低、排水良好且交通便利的位置。

（2）挑选产品，适期入贮　简易贮藏过程中，多数产品一经入贮，便不能或不便挑选检查，如有病伤烂的混在一起，势必互相感染加重损失。所以，入贮前必须严格挑选产品，凡病伤烂等不适贮藏的都应挑出，品种或成熟度不一致的最好分别贮藏。适期入贮是简易贮藏的重要环节，过早入贮，气温和土温尚高，难以降温，易腐烂变质；入贮过晚，蔬菜易在田间受冻，且增加挖土覆盖的劳动强度。入贮适期应该根据气候情况和各种蔬菜对温度的要求决定。

（3）温度管理

①覆盖　简易贮藏的覆盖物多为土壤和就地取材的农作物副产品，最常用的是禾秸类。禾秸类的隔热性相当好，但必须压紧，使孔隙间的空气不流动，才能构成良好的隔热保温层，如任其松散堆置，很容易透入外界的冷空气，保温性能大大降低。面上要再用土压紧踩实，出现裂缝要及时填埋。

②通风　底部有通风道的堆藏、沟藏，其通风道只起辅助通风降温的作用，不能代替分次覆盖，但仍须注意通风口的管理。贮藏初期可将进出气口全部敞开以增大通风量，随着气温的不断下降，先堵进气口，最后封闭出气口，入春后则在夜间适当通风。各种窖藏都依靠通风来进行降温，通风量越大，降温作用越快。通风量取决于风速和通风口的面积，这在棚窖尤其重要。棚窖在最寒冷的时候也要通风，除排出过多的热量外，还排出湿气，防止窖内湿度过高。

（4）风障与阴障　各种简易贮藏，常在北侧或在四周设置风障，有的还在南侧设置阴障。风障的作用是抵挡冷风吹袭，以利保温。阴障的作用是遮蔽阳光直射，以利降温和保持已获得的低温，主要是在入贮初期设阴障，有的在严冬时拆除阴障移到北侧改为风障。这两种障子在调节控制简易贮藏所温度的作用不可忽视。风障和阴障应有一定的高度，以使贮藏在其遮挡宽度之内，还应有一定的紧密度和厚度，以保证发挥作用。

（5）温度测定　窖藏可以随时进入内部测定温度。沟、堆藏的产品有覆盖物，通常只凭经验管理，不易正确控制菜堆内部的温度，效果常不稳定，有一定的风险性。为能随时了解堆、沟内的温度及其变化，可在蔬菜入贮时，埋入一至数支空心的测温管，以能插入普通的玻棒温度计为宜，可用细竹竿或木板条做成。测温管上端应露出覆盖层，下端埋入菜堆中部偏下作为内部温度的代表点。如用 1 根温度计连续多点测温时，应将温度计放入测温管后停留一段时间，避免测定误差。

（二）蔬菜的通风库贮藏

通风库也是利用空气对流的原理，引入外界的冷空气降温。由于设置了更完善的通风系统和隔热结构，降温和保温效果都比棚窖好一些，可常年和长期应用，比简易贮藏更经济、简便。通风库贮藏虽然主要适用于北方地区，但在长江流域乃至更南的地区也可发挥作用，上海、南京等地都有规模很大的菜用通风贮藏库。

1. 设计要求

（1）类型和性能　通风贮藏库可分地上式、半地下式和地下式三种类型。地上式库体全部在地面上，受气温的影响最大。半地下式有一半的库体在地面以下，增大了土壤的保温作用。地下式库体全部深入土层，仅库顶露出地面，保温性能最好。此外，为了在秋季获得适当的低温，冬季便于保温，在温暖地区宜用地上式，酷寒地区须用地下式，半地下式则介于两者之间。

（2）库位选择　通风贮藏库的位置选择时，要求地势高，干燥，最高地下水位应低于库底至少 1 米，四周空旷，通风良好，空气清新，接近公路，便于大批产品出入运输，靠近产销地点，便于安全保卫，免遭人、畜等侵扰，便于接通水电等。方向一般以南北延长较好，可以减小冬季的迎风面和直射阳光的影响，容易保持均匀的库温。但也要注意特殊的地形、地势和风向的影响。

（3）库顶构造　通风库的库顶主要有脊形顶、平顶、拱顶三种类型。在较温暖地区，覆瓦的下面衬一层捆紧的芦苇把，东北地区则在人字形顶架下做天棚，棚上铺隔热材料。这种库顶保温效果很好，但结构较复杂，使用材料多，增加建筑费用，降低库内的高度，阻碍空气流动，木结构易受潮腐朽，使用年限较短。平顶库是用水泥预制板架在两侧墙上做成库顶，有的由两排预制板组成，下立支柱，库顶中央略呈脊形。这类库顶也限制着库内的高度，建筑费用也较多。目前推广的是拱顶库，顶呈弧形，只用砖和水泥就可建成，拱形面上的任何一点都只受压力而没有张力，拱顶的全部重量都转移到两侧的基墙，虽跨度几十米也可不在中间设立支柱，结构简单，施工也方便。通常6米左右宽度的通风库多建成"单曲拱"，跨度大的建成"双曲拱"，可增强坚实性。如图1-1。

一级拱

二级拱

**图1-1　双曲拱顶通风贮藏库**

2. 通风系统　通风贮藏库通风系统的效能直接决定着通风库的贮藏效果。单位时间内进出库的空气量（通风量）越多，降温效果就越快。通风量决定于通风口（进气口和排气口）的面积和空气流动速度（风速），风速又受制于进、排气口的构造和配置。

（1）通风量和通风面积的计算 设置通风系统，应能保证满足秋季产品入贮时应有的最大通风量。计算通风量，要先求得每天应从库内排除的总热量，并根据进出库 1 立方米空气能够携走的热量，计算出每天应进出库的空气总体积，再根据通风口的风速和每天的通风时间，计算出应该设置的通风面积。通常我国北方地区的马铃薯通风库，每 50 吨产品所分配的通风面积应不少于 0.5 平方米，大白菜专用库须达 1~2 平方米，因地区和通风系统的性能而异。

（2）进、排气口的构造和配置 进、排气口的设置原则是，每个气口的面积不宜过大，气口的数量要多些，分布在库的各部。当通风总面积相等，气口小而多的系统，比大而少的系统，易使全库通风均匀，消除死角。通气口的适宜大小约为 25 厘米×20 厘米至 40 厘米×40 厘米，各个气口的间隔距离 5~6 米，如前面的举例设计，可以在 50 米×15 米的库顶设置 3 排通气口，每排 10 个，间距 5 米，气口截面为 0.4 米×0.4 米，各相邻的气口交错作为进气口或排气口。通风口应衬隔热层，以防结霜阻碍空气流动，设有活门使之能随意调节开放面积。

3. 隔热结构 为了维持库内稳定的贮藏适温，不受外界温度变动的影响，通风库应有适当的隔热结构。隔热结构主要设置在库的暴露面上，尤其是库顶、墙壁和门、窗等部分。

通风库的隔热结构一般是在库顶和库墙敷衬用隔热性好的材料构成的隔热层。通风贮藏库常用的有锯屑、稻壳、炉渣、珍珠岩等。静止空气的隔热性极好，用空心砖（其中的空气不会流动）砌墙可以大大提高保温效果。隔热材料必须保持干燥才具有良好的隔热性，一旦受潮隔热效果就大为降低，因此贮藏库的隔热层，须在两侧加防水层，以防止隔热材料受潮。

4. 使用和管理

（1）库房及用具消毒 每次出清贮藏产品后，要彻底清扫库房，一切可以移动、拆卸的设备、用具都搬至库外进行日光消毒。将库房的门窗全部打开通风，然后进行库房消毒。可用 1%～2%福尔马林或漂白粉液喷洒，或按 1 立方米库体 5～10 克的用量燃烧硫黄熏蒸，也可用臭氧处理，浓度为 40 毫克/米³，兼有消毒和除异味的作用。进行熏蒸消毒时，可将各种容器、架杆等一并放在库内，密闭 24～48 小时，再通风排尽残药。库墙、库顶及菜架、仓柜等用石灰浆加 1%～2%硫酸铜刷白。使用完毕的菜筐、菜箱，应及时洗净，再用漂白粉液或 2%～5%硫酸铜液浸泡，晒干备用。

（2）蔬菜的入库和摆放　大型通风库群一般都要同时贮藏多种蔬菜，原则上应该各种蔬菜分别存放，不要混合，以便控制不同的温湿度，各种蔬菜也不致互相干扰。蔬菜都应先用容器装盛，再在库内堆成垛，或堆放在分层的菜架或仓柜内。直接就地面堆放的产品不能得到精细的保护和管理，也不能充分利用贮藏库的空间。装菜容器应规格一致，容量适当，轻便而又坚实耐压，便于堆码，底部和四周要可以通气，内部光洁以免产品受刺、擦伤，菜架或仓柜应该设计为可拆卸的，形状、大小规格化，便于管理和查点库存。各种容器的材料应该经久耐用，不易霉烂腐蚀，不易变形，没有异味。

（3）秋冬季的温、湿度管理　入贮初期，一般要求尽量增大通风量，以迅速降低温度。这时应将全部通风口和门、窗打开，以库门作为进气口，库顶通风口都作为排气口。随着气温逐渐下降，逐渐缩小通风口的开放面积，到最冷的季节，关闭全部进气口，或缩短放风时间。通风库的放风主要按温度要求，同时改变库内的相对湿度。

（三）蔬菜的冷藏

在温暖的地区和季节，缺乏自然降温的条件时，就须采取人工降温的方法以获得蔬菜安全贮藏所需的低温，这就是人工冷藏。人工冷藏有两种方式：一种是冰藏，另一种是机械冷藏。冰藏的使用在我国北方地区已有几百年的历史，随着技术的发展，现已很少使用。机械冷藏是现代化的果蔬贮藏方式，不受地区气候环境条件的限制，一年四季都可进行贮藏。

机械冷藏是在一个适当的建筑中借机械冷凝系统的作用，将库内的热传送到库外，使库内的温度降低。机械冷藏的优点是不受外界环境条件的影响，可以终年维持冷藏库内的低温。库内的温度、相对湿度以及空气的流通都可以调节，以适宜产品的贮藏。

### （四）气体贮藏（气调贮藏）

调节气体贮藏简称气调贮藏（CA 贮藏），除控制贮藏环境的温度、湿度外，还同时控制气体条件，是当前果蔬贮藏方法最先进实用的。适当降低环境空气中的 $O_2$ 分压和提高 $CO_2$ 分压，可以明显地抑制果蔬产品和微生物的代谢活动，这就是气调贮藏的原理依据。

现在有两种气调方式，CA 贮藏指空气中的 $O_2$ 和 $CO_2$ 都有严格规定的指标，允许变化的范围较小，根据各种产品的特性而定。另一种为自发气体贮藏或限气贮藏简称 MA 贮藏，即薄膜包装贮藏。这种方式不规定严格的气体指标，允许有较大幅度的变动，贮藏中不进行人工调气或仅定期放风，或借某些设施进行自动调节。气调不只用于贮藏，也用于运输，还可用于鱼、肉等其他易腐农副产品。气调的关键技术是降氧，按其降氧方法可分为自然降氧、快速降氧、半自然降氧、硅气窗自动扩散降氧和抽气减压降氧等。但是不管哪一种降氧方法都必须制备不漏气的塑料薄膜帐（或袋），并掌握密封和正确运用调气技术。

1. 气调贮藏的塑料帐（或袋）的制备及密封

（1）塑料薄膜帐的制备及密封　按照不同的降氧方法，塑料薄膜帐可分为自然降氧帐、快速降氧帐和硅气窗扩散降氧帐三种类型。选用厚度为 0.18～0.23 毫米，机械强度高、透明、热密封性能好、耐低温老化、无毒的聚乙烯塑料薄膜，将其压制成长方形的帐子，帐子分帐顶和帐底两部分。快速降氧帐要在紧靠帐顶的上部设充气袖口，紧靠帐底的下部设抽气袖口。自然降氧帐和硅气窗扩散降氧帐不设充气和抽气袖口，但硅气窗扩散降氧帐要在帐顶的两长壁中间相对称部位设一定面积的硅橡胶膜透气窗，各种帐的帐顶四壁中间部位均留有取气样的小孔。帐底是一块比帐顶大20～30厘米的塑料薄膜布，可作为密封时折叠用。

果实入帐以前要平整场地，铺好帐底，其上放置垫筐用的砖块，砖块之间撒上熟石灰（即氢氧化钙，又称消石灰，可以吸收二氧化碳），每100千克果实需0.5～1千克的熟石灰，再将经过预冷的果筐紧码在砖块上，垛要稳固，间隙要小，随即将帐顶扣在垛上，再把帐顶四壁的下边和帐底的四边紧紧卷在一起（卷20～30厘米），然后用细土或细沙覆盖卷好的边上并压实，同时将充气和抽气袖口扎紧，使帐子成为一个密闭的"贮藏室"。

（2）塑料薄膜袋的制备和密封　塑料薄膜袋分生理包装袋、小包装袋和硅气窗扩散袋三种类型。选用0.04～0.07毫米厚透明、无毒的聚乙烯塑料薄膜。袋子大小依其种类而异，生理包装袋是一个圆柱形的套袋，底部焊接，果实一个挨一个放进去，排列成行。收口处热封即成。原则上包装的果实数量可多可少，但实际上以包装1千克左右较为方便。

小包装是一种长方形的袋子，底部热合。目前，我国采用小包装袋的大小以70厘米×90厘米的较多，可盛果20～25千克。袋子制成后需先检查是否漏气，用不漏气的袋子装果，装满后用皮筋、塑料带或细棉绳扎紧袋口，叠码在地面或架上贮藏。也可在筐内先垫蒲包，再将塑料袋放在筐内，装果、扎口，加盖码垛贮藏。

硅气窗扩散也是一种聚乙烯薄膜袋，且袋上嵌有一个涂有硅酮弹性体织物的气窗（即硅气窗）并密封地贴在聚乙烯薄膜袋上，可贮藏40～1000千克的果菜，果菜装入后热封或扎口贮藏。

2.气调贮藏应注意的问题

（1）控制适当的温度　温度对于果实呼吸和水分蒸发影响很

大，在一定范围内温度每升高10℃，果实的呼吸强度要增加2～4倍，反之，温度降低，果实的呼吸强度也随之下降。因此在没有机械冷却的条件下，利用其他任何方式进行贮藏，都要求尽量降低贮藏温度，且变化幅度越小越好。

（2）保持一定的氧和二氧化碳含量　目前我国贮藏库气体的组成是：氧含量为2％～4％、二氧化碳含量为3％～5％，这对于保持果实硬度、抑制果实的后熟及衰老都有较明显的效果。

（3）及时排除乙烯　因为乙烯像二氧化碳一样是贮藏果实呼吸的产物。对果实能产生加速成熟的作用，因而要设法排除。目前国外最好的方法是采用专门的活性炭排除。也有用饱和高锰酸钾溶液浸泡的砖块吸收乙烯。

（4）尽快装袋入帐密封　一般采后两天之内密封为好，最长不得超过5天，否则会大大降低贮藏效果。

（5）改进气调果实的风味　气调蔬菜由于增加了二氧化碳，果菜容易改变味道，出库后品质不好，但这只是暂时的现象，如果将贮藏的果菜接触新鲜空气，同时提高温度，味道的变化在几天内就又会得到恢复。

# 第四节　蔬菜加工方法

## 一、蔬菜加工原料

### （一）原料的特点和加工适性

就蔬菜原料的特点而言，情况较复杂。它们所应用的器官部位不同，特点与性质也就不相同。

1. 季节性　蔬菜的加工明显地受到蔬菜生产季节的制约，一种原料不可能满足工厂全年生产的需要，必须多种类、多品种的搭配。原料的收获期、收获量常受自然条件影响，工厂预定的采购期和采购量也随之变动，生产计划受到影响，所以在蔬菜加工原料的选用上，工厂应具有灵活性。

2. 地区性 蔬菜生产受自然条件和生产环境所制约，即使是同一品种的蔬菜，由于生产环境不同，其生产时期、收获期、收获量、品质及价格也不相同。

3. 易腐性 蔬菜富含水分，容易腐烂、变质，因此原料要尽量保持其新鲜状态。

4. 复杂性 蔬菜种类多，种类和品种不同，其构造也不同。加工某种产品，应根据原料特点，制定不同的保藏措施和工艺流程。

5. 不均一性 同一品种的蔬菜，大小和形状不同，因此在工艺操作和设备选型上较难规范化。加工适应性即原料适合于加工产品的性质，具有加工适应性的品种，称为加工品种，蔬菜加工品的种类很多，每种加工品种对原料的要求也不同，所以原料加工适应性的确定，必须以某种加工产品为基础。

（二）蔬菜加工原料的基本要求

1. 蔬菜种类、品种的要求 蔬菜的种类和品种繁多，虽然都可以进行加工，但种类、品种间的理化特性不同，因而适宜制造的加工品种类也就不同。例如芥菜类氮含量高，适宜做腌制品；大头菜肉质坚实，辛辣味重，只适宜做咸菜；而茎用芥菜（青菜头）粗纤维少，突起钝圆，凹沟浅，是制作榨菜的优良品种。番茄色泽鲜红，含番茄红素高，可溶性固形物含量也高，是制番茄汁、番茄酱的优良原料。总之，准确地根据原料的品种特性进行加工，是充分利用资源、获得优质产品的保证。

2. 原料采收期的要求 原料采收期是表示原料品质与加工适性的指标之一。不同的加工品，对原料品质要求不同，适合的采收期也不同。选用采收期适当的原料进行加工，产品质量高，吨耗率也低。反之，产品质量低劣，原料消耗量大，加工也困难。例如：青豌豆、菜豆，蚕豆等罐头用料，以乳熟期采收为宜，青豌豆花后十七八天采收品质最好，糖分含量高，粗纤维少，表皮柔嫩，制成的罐头甜、嫩、不浑汤。采收过早，发育不充分，难于加工，吨耗率也高，亩产量也低。采收过晚，子粒变老，糖转化成淀粉，失去了加工价值。

3. 原料新鲜度的要求　加工原料愈新鲜，完整，制成品的品质愈好，吨耗率也愈低。蘑菇采后子实体易开伞，金针菜花蕾易开放，青豌豆糖分易转化，嫩蚕豆、嫩黄瓜表皮易变硬，均易丧失加工价值，这些原料从采后到加工不得超过 4～12 小时，青刀豆、竹笋、莴苣等不得超过 2 天。

（三）原料的预处理

1. 原料选别分级　任何原料投产时，必须选优去劣，剔除霉烂、病虫害、畸形原料、过老过嫩、品种不一及变色等不合格原料分别处理，并去除杂质。

合格的原料，要按大小，品质分级，达到每批原料一致，以适应机械化作业，并按同一工艺条件进行处理，制得形态整齐，品质划一的产品。大小分级常用筛分法。只有菜汁、番茄酱、南瓜泥、胡萝卜泥等不保持原有形态，必须破碎者，才不进行大小分级。

2. 洗涤　洗涤可以除去蔬菜表面黏附的泥沙、尘土及大量的微生物，保证产品清洁卫生，特别是喷过防治病虫药剂的原料，更须注意洗涤干净，清除药害。洗涤用水，除腌渍原料可用硬水外，任何加工原料须用软水。原料上残留有农药的原料，可用 0.5%～1.5% 盐酸溶液或 0.1% 高锰酸钾液，或 600 毫克/千克漂白粉液等浸泡几分钟，再用清水洗干净。

3. 去皮切分　冬瓜和南瓜的外皮和心都不能食用，需除去，称为去皮、去心。去皮、去心是为了提高制品的品质。去皮、去心只要求去掉不合要求的部分，过度地去皮、去心，只能增加原料消耗，并不能提高制品质量。

去皮的方法有多种，根据原料外皮结构而定，如：

（1）手工或机械去皮、去心。

（2）化学去皮　将原料在一定浓度和温度的碱（酸）溶液中

处理适当时间，外皮即被腐蚀，取出，立即用清水冲洗或搓擦，外皮脱离，并洗尽碱（酸）液，此法常用于马铃薯、胡萝卜等去皮。一般常用氢氧化钠碱液。例如马铃薯去皮时，可用20％的氢氧化钠溶液，在95℃下，处理60～120秒。

（3）热力去皮　可用蒸汽或热水处理，使表皮与肉质分离。

4. 热烫　蔬菜除了供腌制外，用于干制、罐藏及冻藏者，都需要进行热烫处理。将已切分的或未切分的新鲜蔬菜原料在温度较高的热水或沸水或常压蒸汽中加热处理。一般所用的温度为沸点或接近沸点。个别组织很嫩的蔬菜如菠菜，为了保持其绿色可采用76.6℃的温度。热烫时间随蔬菜的种类、老嫩及体形大小而异，一般为2～10分钟。

5. 硫处理　供干制用的蔬菜如黄花菜、生姜、甘蓝、马铃薯及甘薯等经切片热烫后，一般要进行熏硫处理。将原料摊放于烘盘或竹筛上放在密室或熏硫箱中由燃烧硫黄使所生成的 $SO_2$ 与蔬菜组织中的水分化合生成亚硫酸。利用亚硫酸来破坏蔬菜组织内氧化酶系统的活性，避免其发生氧化变色，抑制或杀灭蔬菜表面的微生物等。在熏硫时，熏硫室或熏硫箱中 $SO_2$ 浓度宜保持在1.5％～2％。在熏硫时，室内或箱内应该另外安装有通入空气的设备，以便硫黄能够完全燃烧。

**二、蔬菜的冷冻保藏**

（一）冷冻原理

1. 冷冻过程　水的冻结包括降温和结晶两个过程。水由原来的温度降到冰点时（0℃）开始变态，即结冰。结冰过程也包括两个过程，即晶核的形成和晶体的增长。晶核的形成是极少一部分水分子以一定的规律结合成颗粒型的微粒，是结晶的核心，晶体增大的基础。晶核是在过冷条件下形成的。晶体的增大是水分子有序地结合到晶核上面去，继续增加就会使晶体不断扩大。

2. 冷冻速度与晶体大小　晶体形成的大小与晶核的数目有关，而晶核的数目多少又与冷冻速度有关。在速冻条件下，由于蔬菜组织细胞内和细胞间隙中的水分能够同时形成数量多、分布又比较均匀的晶核，进而生成比较细小的晶体，这样在晶体增长过程中，体积增长得小，不会损伤蔬菜细胞组织，因此解冻后容易恢复原状，从而更好地保持了蔬菜的原有品质，使色、香、味和质地接近于新鲜原料。

蔬菜解冻后再冻结，会使冰晶体的体积继续增大，对产品不利。如解冻和冷冻反复进行，情况将更严重，因此在冻藏中要避免库温的波动，否则速冻产品就会失去速冻的优越性。

（二）冷冻对微生物的影响

蔬菜原料在冷冻前，易被杂菌感染，而且时间拖得越久，感染越重。有时原料经热烫后马上包装进行冷冻，由于包装材料阻碍热的传导，冷却缓慢，尤其是包装中的温度下降很慢，冷冻期间仍有微生物的败坏发生。因此，最好在包装之前将原料冷却到接近冰点温度后，再进行包装冷冻较为安全。

致病细菌在食品冻结后幸存率迅速下降，在冻藏中对其抑制作用强而杀伤效应则很慢。试验证明，芽孢霉能在－2℃生长，粉孢霉和酵母菌能在－4℃生长，某些嗜冷性细菌能在－20℃～－10℃下生存。因此，一般蔬菜冷冻的贮藏温度都采用－18℃或更低的温度。

冷冻可以杀死许多细菌，但不是所有的细菌。有的霉菌、酵母菌和细菌在冷冻食品中能生存数年之久。冷冻蔬菜一旦解冻后，温湿度适宜，残存的微生物活动加剧，造成腐烂变质。因此食品解冻后应尽快食用。

（三）冷冻前的预处理

1. 原料的预冷　蔬菜原料在采收到冷冻之前的处理期间应尽快降低产品的温度，缩短处理的时间过程，任何不当的拖延是不利于产品质量及其保存的。预冷方法有冷水冷却，冷空气冷却和真空冷却。冷水冷却时要注意适时换水，为了保持清洁，用氯化水以防微生物的污染。

2. 蔬菜的烫漂　蔬菜中酶的活性严重地影响产品的色泽、风味。各种酶系统一般在 93.3℃就被破坏，但是在温度低到 −73.3℃时，还能保持部分的活性，而且酶在过冷状态下常常被激发。因此，供冷冻的蔬菜如果烫漂不足，在冷冻贮存中的败坏情况比未烫漂的原料还要严重。如四季豆烫漂不足会引起组织粗糙，过分烫漂会引起软化。各种蔬菜的性质，食用部位和形状大小不同，烫漂的要求也不一样，过分烫漂会引起软化。需要烫漂的蔬菜，烫漂用水的温度一般为 90℃～100℃，菜温达 70℃以上。每次的投入量，要根据水量而定，一般掌握在 3∶1 的比例，即 1.5 千克水可投入 0.5 千克菜为宜，烫漂时间一般为 1～5 分钟。

烫漂后的蔬菜，应立即投入冷水中降温，使温度降至10℃～12℃。

3. 沥干　切分后的蔬菜，无论是否经过烫漂，表面常附有一定水分，这部分水分不去掉，在冻结时很容易形成块状，既不利于快速冻结，又不利于包装，所以要采取措施进行沥干，沥干的方法很多，有条件时可用离心甩干机或振动筛沥干，也可简单地把菜装入筐内，放在架子上，让其自然晒干。

4. 包装　冷冻食品包装的目的是防氧，防光照，防失水干燥，防异味和杂物污染，防微生物的侵害，以及便于冷冻工艺操作和供销。冷冻食品的包装形式有多种，视条件需要采用，通常分为两类，即小型的单件包装和大型的散包装。

（四）蔬菜速冻方法

蔬菜速冻的方法和设备，近些年来有了很大的发展，其速冻方法大体上可分为间接冷冻和直接冷冻两类，以间接冷冻比较普遍。

1. 鼓风冷冻法　生产上一般采用的是隧道式鼓风冷冻机，在一个长形的、墙壁有隔热装置的通道中进行。产品放在车架上各层筛盘中以一定的速度通过隧道，冷空气由鼓风机吹过冷凝管再送到隧道中川流于产品之间，使之降温冻结。冷风的进向与产品通过的方向相对进行，产品出口的温度与最低温的冷空气接触，得到良好的冻结条件。有的装置是在隧道中设置几次往复运行的网状履带，原料先落入最上层网带上，运行到末端就卸落到第二层网带上，如此反复运卸到最下层的末端，冷冻完毕卸出。

这种冷冻方法一般采用的冷空气温度为－34℃～－18℃，风速每分钟 30～1000 米。

2. 流动床式冻结器　这是当前冻结设备中被认为较理想的方法，特别适用于小形颗粒产品如青豆、甜玉米以及各种切分成小块的蔬菜。把颗粒产品铺放在一个有孔眼的网带上或有孔眼的盘子上，铺放厚度在 2.5～12.5 厘米，视产品的性质而定，进行冷冻时，将足够冷却的空气，以足够的速度由网带下方向上强制吹送，通过产品并将产品吹起浮动。

3. 浸渍冷冻法　这是一种直接的冷冻方法，即将产品直接浸在液体制冷剂中的冷冻方法。由于液体是热的良好导体，且产品直接和制冷剂接触，增加热交换效能，冷冻速度快。

（五）冷冻产品的贮藏

蔬菜经过速冻后就要转入贮藏阶段。速冻产品贮藏质量的好坏，主要取决于两个条件：一是低温，通常采用的温度是－18℃；二是保持库温的相对稳定性。

冷冻产品在冷藏中出现冰的升华，使产品表面变色。应采用不透气的塑料薄膜包装或在产品表面保持一层冰晶层以及提高库内的相对湿度，都是有效地防止变色和干燥的措施。

（六）解冻

冷冻食品在食用之前要经过解冻复原，各种产品的性质不同，解冻情况不同，对产品的影响表现不一致。具体的解冻方法，可以在冰箱中、室温下、冷水或温水中进行，也可用微波的方法解冻，这种方法均匀而又迅速，但要保证被处理的产品的组织成分要均匀一致。

冷冻蔬菜解冻后，不必再洗、再切，可直接进行炖、炒、炸或凉拌等多种烹调加工。一般不适于过分的热处理，烹调时间以短为宜。

### 三、蔬菜的干制

#### （一）干制的原理

蔬菜干制，目的在于将蔬菜中的水分减少，将可溶性物质的浓度增高到微生物不能利用的程度。同时，蔬菜本身所含酶的活性也受到抑制，使产品能够长期保存。

1. 蔬菜中的水分状态及性质　蔬菜的含水量很高，一般为90％左右。蔬菜中的水分以游离水、胶体结合水和化合水三种不同的状态存在。游离水以游离状态存在于蔬菜组织中，是蔬菜中的主要水分状态。游离水的特点是能溶解糖、酸等多种物质，流动性大，所以在干燥时容易被排除。胶体结合水，由于胶体的水分作用和膨胀的结果，围绕胶粒形成一层水膜，水分和胶体相结合，成为胶体状态。胶体结合水对那些在游离水中易溶解的物质不表现溶剂作用。干制时，除非在高温下，否则结合水难于排除。化合水存在于蔬菜化学物质中的水分，一般不能因干燥作用而排除。

2. 干燥机理　蔬菜在干制过程中，水分蒸发主要是依赖两种作用，即水分的外扩散作用和内扩散作用。蔬菜干制时所需除去的水分，是游离水和部分胶体结合水。由于蔬菜中的水分大部分为游离水，所以开始蒸发时，水分从蔬菜表面蒸发得快，称为水分外扩散。干燥初期，水分蒸发主要是外扩散。当蔬菜中水分蒸发50％～60％后，其干燥速度依蔬菜内部水分转移速度而定。干燥时蔬菜内部水分转移，称为水分内扩散。

如果水分外扩散远远超过内扩散，则蔬菜表面会过度干燥而形成硬壳，降低制品的品质，阻碍水分的继续蒸发。干制品含水量达到平衡水分状态时，水分蒸发作用就看不出来，同时蔬菜的品温与外界干燥空气的温度相平衡。

#### （二）干制对蔬菜的影响

蔬菜干制后，与新鲜原料比较，重量减轻10～20倍，体积缩小 10 倍左右，压缩体积缩小 50 倍左右。蔬菜在干制过程中或干制品贮藏中颜色往往发生变化，一般常发生"褐变"现象，即变为黄褐色或黑色。营养成分及品质也发生变化。蔬菜含有多种维生素，其中以维生素 C 的含量最高。蔬菜在干制过程中，维生素 C 极不稳定，因此极易损失。如菠菜，在 70℃ 温度下烘干，特别是当含水量在 60% 以下时，维生素 C 的保存率最高，而在 90℃ 温度下烘干，维生素 C 的损失很大，成品的色泽也很差。蔬菜中的糖分，主要是果糖和葡萄糖，二者均不稳定而易于分解。干燥中糖分的损失量，随干燥温度的升高和时间的延长而增加。干制品在外观品质上的变化之一，就是透明度的改变。干制品呈现半透明状且有光泽，即表明制品组织内细胞间隙存在的气体较少，若气体愈多，制品越不透明。

（三）干制原料的选择和处理

1. 原料的选择　要获得品质优良的干制品，减少原料消耗，降低生产成本，必须注意干制原料的选择。

干制对原料总的要求：干物质的含量高，风味好，皮薄，菜心及粗叶等废弃部分少，肉质厚，组织致密，粗纤维少，新鲜饱满，色泽好。

2. 原料的处理　蔬菜干制前，需要把原料经过分级，去皮切分，烫漂及硫处理等过程，具体方法均在前面介绍过，这里就不再重述。

（四）干制的方法及其设备

蔬菜干制的方法，因热量的来源不同，可分为自然干制和人工干制两类。

1. 自然干制　自然干制是利用自然条件如太阳、热风等使蔬菜干制。若将原料直接用日光曝晒，称为晒干或日光干燥；在通风很好的室内或荫棚下进行干燥，称为阴干或晾干。

2. 人工干制　人工干制不受气候条件的限制，可以人工地控制干燥条件，因此干燥迅速，效率高，干制品的品质优良。人工干制所用干制设备，有各种不同的类型，构造有简有繁，规模可大可小，形状不一，干燥效果也不相同。

（1）烘房　适于大量生产，设备费用较低，操作管理比较简单。烘房形式很多，但基本构造是由烘房主体、加热设备、通风设备和装载设备组成。

（2）人工干制机　这是一种效率较高的干燥设备。用人工方法可调节、控制空气的温度、湿度和流速，所以干燥时间短，能获得质量较高的产品，干制机类型很多，用于蔬菜干制的主要有以下几种：隧道式干燥机、滚筒式干燥机、喷雾式干燥机、带式干燥机。

（五）干制蔬菜的包装、贮藏和复水

1.回软　通常称均湿，其目的是使干制品变软，使水分均匀一致。回软的方法是在产品干燥后，剔除过湿、过大、过小、结块及细屑，待冷却后，立即堆集起来或放于大木箱中。菜干回软所需时间为 1～3 天。

2.压块　蔬菜干制后，体积膨松，容积很大，不利于包装和运输，因此在包装前，需要经过压缩，一般称为压块。一般脱水蔬菜在脱水的最后阶段，温度为 60℃～65℃，如在脱水以后，不等它冷却立即压块时，可不再重新加湿。否则，为了减少破碎，压块之前要喷以蒸汽。菜干压块，可用螺旋压榨机。压块一般用的压力为 70 千克/厘米$^2$，维持 1～3 分钟。

3.包装　包装容器有锡铁罐、木箱、纸盒等，每种都有不同的大小和形状，但都要求能够密封、防虫、防潮。供出口的干制品包装箱有一定的重量和容量的规定，一般菜干箱的容量为 15～20 千克。

4.贮藏　影响菜干贮藏的因素很多，如干制品的含水量、包装、保藏条件及保藏技术等。干制品的含水量对贮藏的效果影响很大。在不损害制品质量的条件下，越干燥含水量越低，保藏效果越好。贮藏环境应保持低温且干燥，温度最好为 0℃～2℃，不可超过14℃，相对湿度在65％以下。另外，贮藏环境中的光线能使菜干变色，同时香味损失也多，所以库房应遮光。

5. 复水　是把脱水蔬菜浸在水里，经过相当时间，使之尽可能的恢复干制以前的性质，但不能再恢复到原来的重量。干菜复水时，一般先浸在菜重12～16倍的冷水中，经半小时，再迅速煮沸并保持沸腾5～7分钟即可烹调。

**四、蔬菜的腌制**

凡将新鲜蔬菜预处理（选别、分级、洗涤、去皮切分），再经部分脱水或不经过脱水，用盐、香料等腌制，使其发生一系列的生物化学变化，制成鲜香嫩脆、咸淡（或甜酸）适口且耐保存的加工品，统称腌制品。

（一）蔬菜腌制品的分类

蔬菜腌制品因腌制方法的不同，有许多不同种类和品种。

1. 发酵性蔬菜腌制品　这类腌制品食盐用量较低，往往加用香辛料，在腌制过程中，经过乳酸发酵，产品带有明显的酸味，根据腌制处理的方法不同有下列两类：

（1）干盐处理　先将菜体晾晒，使菜萎蔫失水，然后用食盐揉搓后下缸腌制，让其自然发酵产生酸味，如酸菜属于此类。

（2）盐水处理　将菜放入调制好的盐水中，任其进行乳酸发酵产生酸味，如泡菜属于此类。

2. 非发酵性蔬菜腌制品　这类腌菜食盐用量较高，间或加用香辛料，不产生乳酸发酵或只有轻微的乳酸发酵，依照所含配料，水分多少和味道不同，分咸菜、酱菜、糖醋菜三大类。

（1）咸菜类　是一种腌制方法比较简单的蔬菜腌制品。只进行盐腌，利用较浓的盐液来保藏蔬菜。在腌制过程中有时也伴有轻微的发酵。同时配以各种调料和香辛料。

（2）酱菜类　经过盐腌的蔬菜浸入酱油或酱内进行酱渍。其共同特点是先进行盐腌制成半成品咸坯，而后酱渍成酱菜。

（3）糖醋菜类　蔬菜经过盐腌后，浸入配制好的糖醋液中，使制品酸甜可口，并利用糖醋的防腐作用保藏蔬菜。

（二）腌制的原理

蔬菜腌制的原理主要是利用食盐的高渗透压作用，微生物的发酵作用，蛋白质的分解作用以及其他一系列的生物化学作用，抑制有害微生物的活动和增加产品的色香味。其变化过程比较复杂而且又比较缓慢。

（三）泡酸菜类的加工

1. 泡菜制作工艺

（1）原料处理　新鲜原料经过洗涤后，去除粗皮、粗筋、老叶等，沥干水分后，立即入坛泡制。

（2）泡菜盐水的配制　泡菜盐水的含盐量为 6%～8%，井水和泉水是含矿物质较多的硬水，用来配制泡菜盐水效果更好。为了增进泡菜的品质，可以在盐水中按比例加入 2.5% 的白酒、2.5% 的黄酒、1% 米酒、3% 白糖或红糖、3%～5% 红辣椒。直接与盐水混合均匀，花椒、八角、甘草、草果、胡椒，按盐水量的 0.05%～0.1% 加入。

（3）入坛泡制　泡菜坛子预先洗干净，将蔬菜原料装入坛内，原料装至坛口 6.6 厘米时，注入配好的盐水，要使盐水能将料淹没，将坛口小碟盖上后即覆盖坛盖，并在水槽中加注清水，如此便成了水封口。

一般新配制的盐水在夏天泡制时需 2 - 3 天即可成熟，冬天则需 7～10 天才可成熟。

2. 酸菜　将蔬菜原料剔除老叶，整理、洗净，装入木桶或大缸中，上压重石，注入清水或稀盐水淹没，经 1～2 个月自然进行乳酸发酵而成，乳酸积累可达 1.2% 以上，产品得以保存。

（四）咸菜类的加工

1. 原料的处理　适用的蔬菜有芥菜、雪里蕻、白菜、萝卜、辣椒等。采收后，削去菜根，剔除边皮黄叶，然后在日光下晒 1～2 天，减少一部分水分，并使之质地柔软便于操作。

2. 入缸　将晾晒后的净菜依次排入缸内，按每 100 千克净菜加食盐 6～10 千克。按照一层菜铺一层盐的方式，并层层搓揉或踩踏，在菜体上面压上重物，进行腌制。到第 2～3 天时，卤水上溢菜体下沉，应使菜始终淹没在卤水下面。

3. 腌渍时间　夏季 1 个月左右，一般可贮藏 3 个月。

（五）酱菜类的加工

1. 原料处理　制作酱菜的蔬菜原料广泛，除叶片极薄的菠菜、芥菜外，凡肉质肥厚、质地嫩脆的均可用作制酱菜原料，如莴笋、萝卜、黄瓜、甜瓜、茄子、甜辣椒、大蒜等。

原料洗净后，削去老筋、须根，根据原料的种类和大小形态可对剖成两半或切成条状、片状。

2. 盐腌　原料准备好后就可进行盐腌。盐腌的方法分两种：一种是干腌，把原料与原料重的 14%～16% 的干盐直接拌和，适合于含水量大的萝卜、黄瓜等，湿腌法则用 25% 的食盐水浸泡原料。盐液的重量与原料重量相等，处理的期限一般为 17～20 天。

3. 酱渍　盐腌的菜坯食盐含量很高，必须取出用清水浸泡进行脱盐。最好将菜坯用流动的清水浸泡，脱盐的效果较快。夏季浸泡 2～4 小时，冬季浸泡 6～7 小时即可。经浸泡后，菜坯含盐量为 2%～2.5%。浸泡后，沥干水分进行酱渍。酱渍是将菜坯浸渍于甜酱、豆酱或酱油中，使酱料中的色香味物质扩散到菜坯内。

（六）糖醋菜类的加工

适宜制作糖醋菜的蔬菜有嫩黄瓜、小黄瓜、大蒜、蒜薹、洋葱、姜、藕、大头菜等。

糖醋菜是将选用的蔬菜原料先用稀盐水浸泡进行部分乳酸发酵，再逐渐提高食盐浓度浸渍，以排除原料中的不良风味（辛辣味），增加原料组织细胞膜的渗透性，然后进行糖醋渍。糖醋菜含醋酸 1% 以上便耐贮存，并与糖、香料配合调味。

### 五、蔬菜的罐藏

#### （一）罐藏原理

罐藏是一种经过杀菌保藏食品的方法。原料经预处理，再经加热、排气、密封、杀菌，从而达到长期保存食品的目的。加热可抑制或杀灭部分微生物，抑制或破坏酶的活动，软化原料组织，去除不良味道。排气可以排除蔬菜原料组织内部及罐头顶隙中的大部分空气，有利于罐头内部形成一定的真空度，抑制好气性细菌及霉菌的发育。密封使罐内食品与外界环境隔绝，防止有害微生物的再浸染引起内容物的腐败变质。杀菌通过热力杀灭致病微生物，达到长期贮藏的目的。

#### （二）罐藏容器

1. 罐藏容器具备的条件　对人体无毒害，不污染食品；具有良好的密封性能；具有良好的耐腐蚀性能；适合工业化生产，能承受各种机械加工；体积小、重量轻，开启容易，取用方便。

2. 常用的罐藏容器

（1）镀锡罐（马口铁罐）　特点是质轻、抗压、抗腐蚀性能强，但价格昂贵。

（2）玻璃罐　化学性质稳定，透明度好，便于检查及选购，可重复使用，较为经济，但易破碎，重量大。

（3）铝罐　易开罐，质轻，导热性能好，化学性稳定，又富有延展性，可安置拉环。

（4）软包装（复合塑料薄膜袋）　具有质量轻，体积小，节省能源消耗，便于携带运输，易开启食用等特点。

#### （三）原料的选择与要求

蔬菜的罐藏产品一般要求色泽鲜明，成熟度均匀一致，肉质丰厚，质地柔嫩细腻，纤维组织少，无不良风味，并能耐高温处理。因此不是所有蔬菜种类都适于制成良好的罐头产品，一般主要用作罐藏的蔬菜品种有：四季豆、甜玉米、豌豆、番茄、胡萝卜、蘑菇等。

（四）蔬菜罐藏工艺过程

蔬菜罐藏工艺过程中包括下列各环节：原料的准备有清洗、选剔、分级、切分修整、烫漂等工序。这些过程前面已介绍，这里不再重复，原料准备后就要进行装罐、排气、封罐、杀菌和冷却等过程。

1. 装罐

（1）空罐的准备和处理　使用前要检查空罐的完好性。另外空罐在装罐之前要进行清洗和消毒，以保证容器的清洁卫生。

（2）盐液的准备　料装罐时，同时要加注盐液，其目的是增进产品的风味，另一方面可填充固形物颗粒之间的空隙，排除间隙内的空气。

配制盐液用的盐应用含 NaCl 至少 99％的纯净精制盐。盐液的浓度测定通常用两种简单比重计，一种是盐液比重计，另一种是波美计（其读数乘 4 相当于盐液比重计的读数）。一般蔬菜罐头所用盐水浓度为 1％～4％。

（3）装罐　料经过处理后，应趁热立即装罐。装罐食品质量要求一致，禁止混入杂物。罐内食品应保证一定重量，大部分食品装罐时必须保持罐内顶部一定的空隙，即为顶隙。顶隙是指内容物包括汁液与罐盖之间的距离，一般为 6～8 毫米。

2. 排气　在罐头密封前或密封时将罐内空气排除，使罐内产生部分真空状态，形成罐头的真空度，这样可以防止罐头"跳盖"、变形、爆裂，防止残存的好气性细菌在罐内生长，减少维生素的损失，更好地保持食品的色、香、味并减轻罐壁的腐蚀。

排气的方法目前已广泛使用真空密封排气法。另外也可以在水浴锅中进行加热排气。

3. 封罐　罐头食品之所以能够长期保存，是由于经过杀菌的食品依靠罐头容器的密封性，与罐外隔绝，不受微生物和氧气的影响所致。最后形成这种密封性的关键操作工序就是封罐。罐头的封口，除了螺旋式和旋盖式等玻璃罐可以手工操作外，一般都要依靠专门的封罐机进行。

4. 杀菌　杀菌是罐藏工艺的关键工序。目的是杀死罐内有害微生物、致病菌，保证食品不败坏。在保证罐头安全贮藏的前提下，应尽可能地降低杀菌温度和缩短杀菌时间。为了最大限度保存营养成分，可采用高温瞬时灭菌法。

在生产操作中为了严格执行杀菌操作规程，工厂车间常用如下杀菌公式：$t_1 - t_2 - t_3/T$。其中 T 为杀菌温度（℃），$t_1$ 为罐头升温所需的时间，$t_2$ 为保持杀菌温度 T 的时间，$t_3$ 为罐头降温冷却所需的时间。例如某蔬菜罐头杀菌公式为 $15' - 30' - 10'/118℃$，就表示该罐头需加热 15 分钟达到 118℃，在 118℃下保持 30 分钟，再经 10 分钟冷却至室温。

5. 冷却　杀菌结束应立即冷却，以防余热继续破坏产品营养，冷却至罐内温度为 38℃～40℃ 较为合适。一般冷却方法以淋水滚动冷却较好，冷却水应保持清洁。玻璃罐冷却时应分不同温度段降温。每阶段相差 20℃，以防破损。

（五）罐藏制品的检验与保存

1. 罐头外观检查

（1）密封性能检查　将罐头放在 80℃ 热水中 1～2 分钟，如有气泡上升，说明漏气，应剔出分析原因。

（2）底盖状态检查　如发现底盖向外凸出，应进一步检查分析原因。

（3）真空度的测定　正常罐头一般应具有 180～380 毫米汞柱的真空度。可用特制的真空表测定。

2. 保温检查　将蔬菜罐头在 37℃ 下保温 5 天以上。抽样做微生物检验是否有致病菌。

3. 理化检验　罐头食品中重金属检验要求：含铅量不超过 2 毫克/千克，锌 200 毫克/千克，铜 10 毫克/千克。

4. 感官检验　包括罐头内容物的色泽、风味、组织形态、杂质等。

5. 罐头的保存　蔬菜罐头最适保存温度为 10℃～15℃。环境的相对湿度也不宜过高，最好保持在 70%～75%，还要注意通风换气，应避免湿热空气进入库房。

## 六、蔬菜制汁

### (一) 蔬菜汁生产的概况和存在的问题

**1. 发展概况** 菜汁是新鲜蔬菜经选择、洗涤、榨汁、过滤、装瓶和杀菌等工序制成的饮料，它与果汁一道称为"液体水果或蔬菜"。菜汁中含有新鲜蔬菜中的营养物质，色泽自然，风味独特，是一种良好的营养食品和保健食品。

近年来，果汁、菜汁生产的先进技术已达到很高的水平。如超滤澄清技术、冷冻、反渗透浓缩技术、混浊汁稳定技术、高压提取芳香物质技术、电渗析水处理技术等。这些先进技术对菜汁生产的发展起着重要作用。果汁、菜汁已由单一原料向多种原料复合方向发展，果菜混合汁在营养和口感上互相取长补短，对人体消化系统具有"润滑油"作用。

**2. 存在问题** 目前，我国的果汁、菜汁生产和科研工作与当今先进国家相比，有着较大差距，存在以下问题：没有专门的制汁原料品种；普遍存在出汁率低的问题；果汁、菜汁生产工艺中，没有芳香物质回收及复加工序，在混浊汁生产中大部分缺乏脱气设备，不利于抑制褐变，而色素、维生素C、芳香物质因氧化而损失；复合蔬菜汁、复合果蔬汁、果蔬乳酸发酵汁的研究，还没有得到应有的重视。

### (二) 蔬菜汁生产工艺

**1. 原料选择** 菜汁加工以新鲜蔬菜为原料。蔬菜原料选用汁液丰富、出汁容易、营养成分含量高的蔬菜，如番茄、胡萝卜、芹菜、菠菜等均适宜加工菜汁。

**2. 原料破碎** 压榨前先将原料适当破碎，可以提高出汁率。破碎块粒大小应基本一致，过大、过小都对出汁不利。破碎一般用破碎机。破碎时喷入适量维生素C抗氧化剂，可改善汁液的颜色和营养价值。

**3. 热处理** 果胶物质含量高的原料，汁液黏性大，榨汁比较困难，通过加热可使细胞原生质中蛋白质凝固，增加细胞的透性。同时，加热处理可使肉质软化，果胶质水解，汁液易于流出。对于有色品种加热处理还有利于色素和风味物质的溶出。热处理温度，不同种类不尽相同，一般为 70℃～80℃，15～20 分钟。

4. 榨汁　通常用机械压榨取汁。番茄则可用打浆机进行破碎和取汁。压榨时应减少空气混入和榨出汁积压，以免汁液色、香、味、营养物质的氧化损失。

5. 过滤　通过过滤，除去榨出汁液中粗大颗粒和悬浮物质（种子、皮渣等）。因为它们不仅影响汁液外观，而且会使汁液很快败坏，影响成品质量和稳定性。滤孔直径为 0.5 毫米。

6. 糖酸调整　为了符合消费者口味要求，需要保持一定的糖酸比例，在菜汁中可加入少量砂糖及食用酸（枸橼酸或苹果酸）进行调整。

（1）糖度的测定与调整　原汁中糖度需先测定，可用手持糖度计进行测定。补糖时可用下式进行加糖调整：

$$X = \frac{W(B-C)}{D-B}$$

式中：$X$ 表示补加浓糖液量（千克）；$D$ 表示浓糖液的浓度（%）；$W$ 表示调整前原菜汁重（千克）；$C$ 表示调整前原菜汁含糖量（%）；$B$ 表示要求菜汁调整后含糖量（%）。

（2）酸度的测定与调整　在调整前先测定原汁中含酸量，可用 0.1N 的 NaOH 滴定。根据原汁中的含酸量添加枸橼酸来调整酸度，枸橼酸的用量可按下式计算：

$$m_2 = \frac{m_1(Z-X)}{Y-Z}$$

式中：$Z$ 表示要求调整的酸度（%）；$m_1$ 表示菜汁重量（千克）；$m_2$ 表示需添加的枸橼酸液量（千克）；$X$ 表示调整前原菜汁含酸量（%）；$Y$ 表示枸橼酸液浓度。

7. 装罐（瓶）和密封　菜汁一般采用装汁机趁热装罐（瓶），装罐后立即密封。封口时罐中心温度一般控制在 70℃以上。

8. 杀菌和冷却

（1）瞬时加热杀菌法　菜汁在杀菌器内快速加热至90℃，维持几秒至几十秒后，装罐密封，迅速冷却至38℃左右。

（2）沸水杀菌　将菜汁加热、装罐、密封后在100℃沸水中杀菌，然后冷却。

（3）高温杀菌　可采用沸点以上温度杀菌，时间短，对风味、色泽保存较好。

# 第五节　加工蔬菜的包装技术

## 一、概述

1. 食品包装的定义　根据中华人民共和国国家标准（GB4122－83）对包装的定义是：为在流通过程中保护产品、方便贮运、促进销售，按一定技术方法而采用的容器、材料及辅助物的总称。也指为了达到上述目的而采用容器、材料和辅助物的过程中施加一定技术方法等的操作活动。所谓食品包装，是指采用适当的包装材料、容器和包装技术，把食品包裹起来，以使食品在运输和贮藏过程中保持其价值和原有状态。

2. 包装分类

（1）依包装材料分类　根据包装所选用的材料不同可分为：纸包装、金属包装、玻璃包装、陶瓷包装、木包装、纤维制品包装、复合材料包装等。

（2）依包装容器分类　按包装容器的结构形态可分为：箱盒类包装、袋类包装、瓶类包装、罐类包装、盘类包装等形式。按包装容器的密封性能可分为：密封包装和非密封包装。

（3）依包装用途分类　按包装在商品流通过程中的使用范围分为运输包装、销售包装和两用（运销）包装。按被包装物品的包装次数分为第1次包装和第2次包装等。按在包装件中所处的空间地位分内包装、中包装和外包装。

（4）依包装目的分类　按包装技术的防护目的分防湿包装、

防霉包装、保鲜包装、防震包装等。

　　3. 对食品包装材料总的要求

　　（1）表面光泽度和透明度对不同食品有不同要求；

　　（2）防湿性能好；

　　（3）气体与水汽透过性低；

　　（4）贮藏和运输、销售期间适应温度变化的范围根据不同的食品应能满足其要求；

　　（5）不含有毒成分；

　　（6）成本低；

　　（7）在外界温度发生变化时，仍有足够的韧性。

## 二、食品的包装材料

　　包装材料指的是用于制造包装容器和构成产品包装材料的总称。它的种类包括木材、纸与纸板、玻璃、陶瓷、金属、塑料、纤维织物以及诸如黏合剂、涂覆材料等各种辅助包装材料，其中纸与纸板、塑料、金属、玻璃成为包装工业的四大材料支柱。

　　（一）塑料包装材料

　　1. 食品包装常用的塑料

　　（1）聚乙烯薄膜（PE）

　　①一般性质　聚乙烯是乳白色蜡状固体，较柔韧，其主要优点是耐低温，抗水性强，耐化学腐蚀，耐辐射性强。其主要缺点是易氧化、老化，耐热性较差，气密性差，印刷性能差等。

　　②主要产品　聚乙烯主要有 3 种产品，即低密度聚乙烯（LDPE）、中密度聚乙烯（MDPE）、高密度聚乙烯（HDPE）。其中，低密度聚乙烯因其分子上所带支链较多，而透明光亮，防湿性强，且热封性好，但该种薄膜的抗拉强度较低，气密性较差。

　　（2）聚丙烯薄膜（PP）　聚丙烯薄膜的主要优点是它的阻隔性优于高密度聚乙烯膜，特别是阻湿、防水性极好，抗拉强度和刚性优于其他价格相近的薄膜，具有良好的耐化学性能。而它的主要缺点是低温时的耐冲击强度较差，热封质量较差，印刷性不佳。

（3）聚氯乙烯薄膜（PVC）　聚氯乙烯薄膜的主要特点是透明度、光泽度均优良，其强度优于 PE 膜，气体阻隔性（如阻 $CO_2$ 气体）和耐油性较大，但其印刷性不佳，且存在一定的毒性迁移问题。根据增塑剂剂量不同，聚氯乙烯膜分为 3 种，即软质 PVC 膜、半硬质 PVC 膜、硬质 PVC 膜。其中，软质 PVC 膜常用于弹性拉伸包装，对肉、水果、蔬菜等进行保鲜包装。

（4）聚酯薄膜（PET）　聚酯薄膜是一种良好的复合材料基材，其主要优点是有极高的抗拉强度，且刚性大、耐冲击、弹性大，具有耐高、低温性能，具有较好的透明性，具有气体、水蒸气及异味透过率小的特点，具有良好的印刷性。它的主要缺点是热封合困难，价格较高。

（5）聚苯乙烯薄膜（PS）　聚苯乙烯膜的主要特点是耐热性差，当温度达到 95℃ 时迅速收缩，收缩率达 60%～70%，是收缩包装的好材料，常用于蔬菜的热收缩包装材料。而泡沫聚苯乙烯是防震包装的良好缓冲材料。

（6）其他塑料包装材料　作为塑料不织布的撕裂纤维，不织布强化纸可用于制作蔬菜的保鲜袋，塑料捆扎绳可作为蔬菜外包装的捆扎材料。

2. 复合包装材料　所谓复合包装材料是指由两种或两种以上不同性质的挠性材料，通过一定的技术组合而成的"结构化"多层材料。它具有以下几方面特性：

（1）改善了包装材料的综合性能，具有以往单一材料无法具备的高性能；

（2）扩大了使用范围，可满足特殊包装领域，如惰性气体的充气包装；

（3）可以使印刷装饰层处于中间，具有不污染内容物并起到保护和美化包装面的作用。

以塑料为主体的复合包装材料因其质轻、阻隔性能好而呈现逐步取代金属、玻璃等包装材料的发展趋势。

（二）金属包装材料

金属包装材料在我国、日本、欧洲等占总包装材料的第 3 位，仅次于纸和塑料。它主要分为钢材和铝材两大类，其中钢材类中的镀锡钢板俗称马口铁，历来是加工制造罐藏包装的良好基材。而铝材中的铝箔因热膨胀系数小，防潮性、阻隔性极佳，常作为复合材料的良好基材，广泛应用于食品包装。

三、食品包装技术

目前，食品领域中广泛采用的包装技术主要有真空包装、气调包装、收缩与拉伸包装、防震包装等，本部分内容将重点介绍常应用于蔬菜保鲜包装方面的真空包装、气调包装、收缩与拉伸包装。

（一）真空包装

食品真空包装是将食品装入气密性包装容器，在密封之前抽真空，使密封后的容器内达到预定的真空度的一种包装方法。其机理的实质可归结为除氧、阻气。

真空包装机械有室式、输送带式、插管式、旋转台式和热成型式五种类型。前四种用于塑料袋式真空包装，热成型式用于塑料盒式真空包装。其中，室式真空包装机是中小企业、科研单位常用的包装设备，它具有真空度、封口温度可调等特点，适合包装高质量的产品。真空包装技术常用于蔬菜制品的保鲜包装，其机理是可降低蔬菜的呼吸作用，防止蔬菜受到霉腐微生物的侵害。

（二）气调包装

食品气调包装技术是在食品真空包装技术的基础上逐步发展起来的，其优点在于能保持食品原有的鲜度和风味，货架寿命为真空包装的 3 倍以上。

气调包装的混合气体有 $CO_2$、$O_2$、$N_2$ 3 种，其中 $CO_2$ 对需氧菌和霉菌的繁殖具有较强的抑制作用，$O_2$ 除抑制厌氧菌的增长外，还可维持新鲜蔬菜吸氧新陈代谢作用，经试验证明，维持蔬菜低的呼吸速度，延缓成熟期的氧气、二氧化碳最佳浓度为：氧浓度为 1%～6%、二氧化碳浓度为 1%～10%，其余为氮气。用于气调包装蔬菜的包装材料要求具有特殊的透气性，且对 $CO_2$ 和 $O_2$ 有一定比例的透气率。

（三）收缩包装与拉伸包装

收缩包装是用可热收缩的塑料薄膜裹包产品或包装件，然后加热使薄膜收缩和包紧产品或包装件的一种包装方法。目前应用较多的收缩薄膜有聚氯乙烯、聚乙烯、聚丙烯等。聚氯乙烯膜的收缩温度为 $40℃ \sim 160℃$，具有收缩温度较低且温度范围较大，进而适应作业性能好的特点。

用于收缩包装的设备有小型收缩包装机、L 型封口式包装机、板式热封包装机、大型收缩包装机等，其中小型收缩包装机主要用于包装水果和新鲜蔬菜，一般都用纸浆或塑料浅盘包装，如苹果、橘子等，也有部分果蔬不用浅盘，如黄瓜、胡萝卜等多采用枕形袋式包装。

拉伸包装是指用可拉伸的塑料薄膜在常温和张力下对产品或包装件进行裹包的一种包装方法。常用的拉伸薄膜有聚氯乙烯膜、乙烯-醋酸乙烯共聚物薄膜、线性低密度聚乙烯膜等。拉伸包装的方法有全自动操作和手工操作两种，其中全自动操作又可分为上推式操作和连续直线式操作两种。拉伸包装与收缩包装相比，具有设备投资和维修费用低、能源消耗少等优点，且裹包应力易于控制。

**四、蔬菜保鲜包装**

（一）蔬菜保鲜包装的要求

为保证蔬菜的良好品质与新鲜度，在保鲜包装时要求能充分利用各种包装材料所具有的阻气、阻湿、隔热、保冷、防震、缓冲、抑菌、抗菌等特性，在包装内创造一个良好的微环境条件（温度、相对湿度、气体组成、抗震、防压以及无菌等），降低蔬菜呼吸作用至维持其生命活动所需的最低限度，并尽量降低蒸发作用，防止微生物的浸染与危害。同时，也应避免蔬菜受到机械损伤。

不同种类的蔬菜对包装特性的要求不尽相同：

1. 硬质蔬菜　甘薯、胡萝卜、马铃薯、葱头、甜菜、萝卜等硬性蔬菜，肉质较硬，呼吸作用和蒸发较缓慢，不易腐败，可较长时间保鲜，这类蔬菜的包装，要求创造最适的温湿度条件和环境气体组成，尽可能地长期保鲜。可采用普通的聚乙烯等薄膜包装或用浅盘盛放，用拉伸或收缩裹包等方式包装。

2. 茎叶类蔬菜　这类蔬菜组织脆嫩，脱水速度较快，易造成萎蔫，另外，其呼吸速度也较快，对缺氧条件非常敏感，因此这类蔬菜的包装主要应考虑其防潮性能和抗损伤作用以及对环境气体的调节能力。

（二）蔬菜保鲜包装的基本方法

目前蔬菜的保鲜包装主要是利用包装材料与容器所具有的简易气调效果，以及开发其防雾、防结露、抗震、抗压等特性来进行包装。在包装方法上主要有两大类：透气包装和密封包装。现在一般趋向透气式和密封式相结合的包装方法。

1. 塑料袋包装　选用一定厚度的薄膜袋装入产品后，折叠袋口或热密封口，通过选择具有适当透气性、透湿性的薄膜，可以起到简易气调效果。这种包装方法要求使用的薄膜材料具有良好的透明度，对水蒸气、氧气、二氧化碳气体透过性适当，并有一定的机械加工性能，无毒副作用。

2. 浅盘包装　将蔬菜放入浅盘中再进行裹包或装盒。浅盘主要有纸浆模塑盘、瓦楞纸板盘、塑料热成型浅盘等，包装时采用热收缩包装或拉伸包装固定产品。这种包装具有可视性，消费者对内装产品一目了然，有利于产品的展示销售。番茄、青椒、黄瓜等都可以采用这种包装方法。

3. 穿孔膜包装　用密封方法包装蔬菜，在条件不适时，包装内易出现厌氧腐败过湿状态和微生物的浸染。许多绿叶蔬菜适宜采用此种方法。在实施穿孔膜包装时，穿孔程度应通过实际试验确定，一般以包装内不出现过湿状态下所允许的最少开孔量为准。

4. 简易薄膜包装　对蔬菜实行单个包装时常采用的一种方法，即用塑料薄膜对蔬菜进行简单裹包拧紧，只能起到有限密封作用。

5. 硅窗气调包装　用聚甲基硅氧烷为基料涂覆于织物上而制

成的硅酸膜，对环境中各种气体具有不同的透过性。它可以自动排除包装内的二氧化碳和乙烯及其他有害气体，同时通入适量氧气，抑制和调节蔬菜的呼吸强度，防止发生生理病害，保持蔬菜的新鲜度。一般根据不同蔬菜的生理特性和包装数量，选择适当面积的硅胶膜，在薄膜袋上开设气窗用704胶水黏结起来，因此称之为硅窗气调袋包装。

此外，双层纸袋、开窗纸袋、带孔眼纸袋和纤维网袋、塑料网袋等也常用于包装新鲜蔬菜，如土豆、洋葱等。

（三）蔬菜保鲜用包装材料

用于蔬菜保鲜包装的包装材料种类很多，目前应用的功能性包装材料主要有塑料薄膜、塑料片材、蓄冷材料、瓦楞纸箱、保鲜剂等几大类。

1. 薄膜包装材料

常用的薄膜保鲜材料主要有：PE、PVC、PP、BOPP、PS、PVDC、PET/PE、KNy/PE等薄膜，以及PVC、PP、PS、辐射交联PE等的热收缩膜和拉伸膜。这些薄膜常制成袋状、套状、管状，可根据不同需要选用。

2. 保鲜包装片材　保鲜包装用片材大多是以高吸水性树脂为基材，种类很多，如：吸水能力数百倍于自重的高吸水性片材，在这种片材中混入活性炭后除具有吸湿、放湿功能外，还具有吸收对保鲜有害的乙烯、乙醇等气体的能力；另外还有在高吸水性片材中混入抗菌剂的抗菌性片材等。这些片材可以作为瓦楞纸箱和薄膜小袋中的调湿材料与凝结水吸收材料，能改善吸水性片材在吸湿后容易成为微生物繁殖场所的缺点。目前已开发出了许多功能性片材，并应用于松蘑、蘑菇、花椰菜的保鲜包装。

3. 瓦楞纸箱　普通的瓦楞纸箱是由全纤维制成的瓦楞纸板构成的，近年来功能性瓦楞纸箱也开始应用，如在纸板表面包裹发泡聚乙烯、聚丙烯等薄膜的瓦楞纸箱，有在纸板中加入聚苯乙烯等的隔热材料的瓦楞纸箱，还有聚乙烯、远红外线放射体（陶瓷）及箱纸构成的瓦楞纸箱等。这些功能性瓦楞纸箱可以作为具有简易、调湿、抗菌作用的蔬菜保鲜包装容器使用。

4. 蓄冷材料　蓄冷材料和隔热容器并用可起到简易保冷效果，保证蔬菜在流通中处于低温状态，因而可显著提高保鲜效果。蓄冷材料在使用时要根据整个包装所需的制冷量计算所需的蓄冷剂量，并将它们均匀地排放于整个容器中，以均匀保冷。

5. 隔热容器　代表性的隔热容器是发泡聚苯乙烯箱，其隔热性能优良并且有耐水性，在龙须菜、生菜、硬花甘蓝等蔬菜中已有应用，但是废弃物难以处理。因此作为其替代品，可以使用前述的功能性瓦楞纸箱和以硬发泡聚氨酯、发泡聚乙烯为素材的隔热性板材式覆盖材料。

6. 保鲜剂　为进一步提高保鲜效果，可以将保鲜剂与其他包装材料一起使用于保鲜包装中，常见的保鲜剂主要有：气体调节剂、涂布保鲜剂、抗菌抑菌剂、植物激素等。这些保鲜剂有些是涂布于包装材料中，有些单独隔开放入包装袋中，还有些被制成涂膜剂直接包覆于蔬菜表面，这些方法均能起到保鲜作用。

**五、蔬菜类加工食品的包装**

干制是蔬菜加工的主要形式，是一种历史悠久的传统贮藏方法。经干制后蔬菜水分活性大大降低，贮藏性大为提高，且由于干制后体积缩小和重量减轻，贮运销售也很方便。

1. 蔬菜干制品包装要求　为避免蔬菜干制品在贮藏过程中的质量败坏，其包装必须满足以下要求：

（1）防潮性，能防止干制品的吸湿回潮，避免结块和长霉；

（2）防虫性，包装材料和容器应具有良好的防虫、鼠、灰尘等的入侵；

（3）对光线、紫外线、氧气等具有良好的阻隔性；

（4）具有良好的防震、抗压强度，在 30～100 厘米高处落下120～200 次，在高温、高湿或浸水、雨淋情况下不易破烂；

（5）具有良好的展示性和卫生安全性；

（6）包装费用合理。

2. 蔬菜干制品用包装容器

（1）纸箱和纸盒　纸箱和纸盒是蔬菜干制品包装中常用的包装容器，其防潮性和防虫性较差。使用时常在其内部衬垫防潮材料如涂蜡纸、羊皮纸或 HDPE 袋，纸盒还可以用彩印纸、蜡纸、玻璃纸、铝箔等作为外包装。容器大小，一般纸箱以装 25 千克，纸盒以装 5 千克以下为好，销售包装还可以更小一些如折叠式纸盒小包装等。

（2）金属罐　对于蔬菜干制品而言，金属罐是一种良好的包装容器，它具有良好的防潮、防虫、阻隔、防震、抗压等特性。大容量的金属罐可达 120 升，小容量的一般在 250 毫升以上，其封口方式有卷封、旋紧密封、有限封口或贴合封口等，可进行真空、充气包装。

（3）塑料薄膜　玻璃纸、涂塑玻璃纸、塑料薄膜袋、复合塑料薄膜袋等常用于蔬菜干制品的销售包装。简单的 PE 袋、PP 袋使用最普遍，玻璃纸 PE/铝箔/PE 复合膜，纸/PE/铝箔/PE/PET/铝箔/聚烯烃等也常用于蔬菜干制品的包装。

其他如玻璃瓶（罐）、塑料瓶（罐）等也可以用来包装蔬菜干制品。

# 第二章 各类蔬菜的贮藏与加工

## 第一节 各种蔬菜的贮藏技术

蔬菜种类繁多，食用部分（也就是贮藏部分）分属于植物的不同器官。它们在长期的系统发育过程中形成了各种不同的特性，甚至在同种蔬菜的不同品种间也有很大的特性差异。这些特性很多都与贮藏密切相关。贮藏时，首先应根据各种蔬菜的有关特性及其发育所要求的条件，进行品种选择和给予适宜的栽培管理，以获得适宜于贮藏的、健壮的产品，创造相适应的贮藏环境，才能收到保持品质、延长贮期、降低损耗的效果。

### 一、大白菜

（一）贮藏特性

大白菜性喜冷凉湿润，贮藏温度以 0℃～1℃ 为宜。大白菜在贮藏中易失水萎蔫，因此要求较高的湿度，空气相对湿度 85%～90% 为宜。目前大白菜的贮藏损耗相当大，一般在 30%～50%。大白菜的贮藏损耗主要有脱帮、腐烂和失水。在相同温度下，空气相对湿度降低，脱帮与腐烂损耗减少，而自然损耗（主要是失水）增大。而在低湿条件下，则自然损耗和总损耗都明显增大。这就提醒我们在大白菜贮藏中不单要注重温度调节，同时还要注重湿度调节。

（二）贮前处理

1. 适期收获 收菜过早，气温与窖温均高，对贮藏不利，也影响产量；收菜过晚易在田间受冻。大白菜贮藏量大，适当提早收获，提前入窖，采用人工通风等办法降温，能减轻集中收贮的压力。

收菜时有留 3～4 厘米长的根，也有沿叶球底部砍倒或连根收获。带根或去根对大白菜贮藏看似无差别，但留种与假植贮藏的大白菜一定要留根收获。

2. 晾晒　许多地区在大白菜砍倒后，要在田间晾晒数天，达到菜棵直立外叶垂而不折的程度，晒菜失重为毛菜的 10%～15%。晾晒使外叶失去一部分水，组织变软，可以减少机械伤害，提高细胞液浓度而使冰点下降，加强抗寒力。晒菜还能缩小体积、提高窖容量。这些对贮藏都是有利的。但不利的一面是组织萎蔫会破坏正常的代谢机能，加强水解作用，从而降低大白菜的耐贮性抗病性，易脱帮，这种影响在晾晒过度时尤其严重。为使大白菜晾晒失水不过多，要根据收获时的气温、风速以及菜体含水量等确定晾晒时间。一般晴天晾晒 1 天较为适宜，如时间过长，失水过多，贮期损耗增大。

（三）贮藏方法

1. 大白菜的窖藏　白菜的采收期一般在霜降前后，白菜拔倒后放在垄台上晾 1 天，然后送到菜窖附近码在背风阴凉处，码垛时菜根向下，一棵挨一棵地排放在一起，四周用草或秫秸覆盖，以防低温受冻。这样预贮可以增强抗寒能力。一般预藏 20 天左右。在此期间，视天气情况来调节周围的覆盖物。既要防冻，又要防热，直到立冬左右方可入窖。

入窖初期，外温和窖温均高，大白菜易腐烂和脱帮。如果采用地面堆码贮藏，要勤倒菜，以利通风散热。白天外温高要关闭气孔，夜间打开通风设施进冷凉空气，降低库温。入窖中期，外温下降，必须注意防冻，关闭窖的门窗和通气孔，中午可适当通风。架式贮藏应在春节前倒菜 1～2 次，地码式贮藏要倒菜 2～3 次。入窖后期，气温和地温升高，引起窖温和菜温升高，管理的主要任务是减缓窖温的上升。夜晚打开通风系统，使窖温降低。白天将窖封严，防止热空气侵入。同时增加倒菜次数，防止白菜腐烂。

2. 大白菜的埋藏　　在露天地上挖贮藏沟，白菜放在沟里，埋藏的关键是沟的深度、下沟时间、覆盖的厚度和方法。埋藏沟的深度依当地冻土层厚度以及是否贮藏越冬而定。下沟时间以 2～3 片叶稍微受冻为宜，覆土厚度 0.5～0.7 米。沟藏法要选择地势平坦干燥，土质较黏实，地下水位较低，排水良好，交通方便的地方挖沟为宜，沟向选择东西向延长。沟宽 1.5 米、深 0.25 米，长度根据地形和贮藏量而定。挖出的土在沟四周做成土埂，埂厚约 0.7 米（以最冷时期不冻透为原则）。沟深与土埂高度相加，等于白菜的高度，入沟前先在沟底铺一层稻草或菜叶，然后将晾晒过的白菜根朝下，一棵棵紧密地挤码在沟内，菜上面覆盖一层稻草或菜叶再盖 0.5～0.7 米厚的土。

（四）贮藏管理

窖贮和通风库贮藏中的管理以放风和倒菜为主。由于贮期不同，气候条件及大白菜的生理状况亦不同，因此管理上要随季节的变迁而变动。下面着重介绍北方窖贮的管理要点：

1. 前期管理　　此期气温较高，菜体新陈代谢较旺盛，放出的呼吸热多，白菜容易受热。为此要求放风量大，时间长，一般在入窖初期可昼夜开放通风口，必要时辅以机械鼓风。垛贮菜这时倒菜要勤，入窖后紧倒几遍，以后逐渐延长倒菜周期。

2. 中期管理　　冬季来临，菜温与窖温都已降低，菜的呼吸热减少。此期以防冻为主。此期的放风大致可分两种方式，一是放"短急风"，一是放"细长风"。前者是在清晨和夜晚敞开通风口，使外界冷空气急速进入窖内。贮藏中期的放风必须根据气温与窖温的变化和蔬菜本身的情况灵活掌握。放"细长风"是控制通风面积，延长通风时间，避免窖温骤变。此期倒菜次数减少，周期延长，可采取"慢倒细摘"的方式，不烂不摘，尽量保存外帮以护内叶。

3. 后期管理　　此期气温变化大，"三寒四暖"，气温逐渐回升，窖内贮藏量逐渐减少，因此既易受冻，又易升高窖温，这时总的趋势是窖温渐升，菜的耐贮性和抗病性已明显衰降，易受病菌侵害导致腐烂。放风原则以夜晚通风为主，但又要注意气候的变化，如有南风要停止放风，尽力防止窖温上升。倒菜要勤，快倒细摘，并降低菜垛高度。

## 二、甘蓝

### （一）圆白菜的类型及其贮藏性

圆白菜也称卷心菜、洋白菜、大头菜，学名叫结球甘蓝，属于十字花科的甘蓝类蔬菜。圆白菜的贮藏特性同大白菜相似，对贮藏条件的要求也基本一致，因此，大白菜的贮藏原则也适用于圆白菜。

贮藏圆白菜应选结球紧实、外叶粗糙并附有蜡粉的晚熟品种。圆白菜的抗寒力比大白菜强，收获和入窖期稍晚，在温度为0℃～1℃，相对湿度为98％～100％的条件下，可保存5～6个月。

### （二）圆白菜的堆藏

在室内比较阴凉通风处，将菜着地堆放成长方形，高度为0.7～0.8米、宽度为0.5～0.6米，长度可依场地而定。也可着地散堆，但每堆的数量不宜过大，一般以2500千克为宜。每个菜堆中间应放入若干只空板条箱或箩筐，以增强通风，防止热量的累积而引起腐烂，用空板条箱或柳条篓等做容器堆藏圆白菜，效果比上述两种方法还好。

### （三）圆白菜的沟藏

选择地势高，排水通畅的地块，挖1.5～2米宽的沟，沟深由当地气候条件及堆放圆白菜的层数决定，一般沟内堆放两层，下层根向下，上层根向上，尔后覆土。覆土厚度约0.2米。结球不紧的圆白菜埋藏时要连根带外叶一起收获，假植于沟内，适当覆盖防冻，贮藏中外叶的养分会向心叶转移，叶球逐渐充实增重。

### （四）圆白菜的冷风库贮藏

选择包心坚实的叶球，把根削平，适当留一些外叶，可以起到保护作用，对保鲜有明显效果。将待贮圆白菜装入板条箱或笋筐内，入库时适当堆码，保证透气，留有走道，便于检查。冷风库的温度一般保持在0℃～1℃，以适应圆白菜的生理特性。贮藏后，此法贮藏的圆白菜质量新鲜，重量损耗也比较少。

### 三、萝卜和胡萝卜

（一）萝卜、胡萝卜的贮藏特性

萝卜、胡萝卜性喜冷凉多湿的环境。两者没有生理上的休眠期，在贮藏期中遇到适宜条件便萌芽抽薹，进而造成糠心。为防止糠心，萝卜必须在低温高湿的条件下贮藏，但又要注意防冻。通常温度为0℃～5℃，相对湿度为95%。因胡萝卜和萝卜的细胞和细胞间隙很大，具有高度的通气性，并能忍受较高浓度的二氧化碳（据报道，可忍受8%的二氧化碳）。因而萝卜、胡萝卜适宜于密闭贮藏，如堆藏、层积贮藏、气调贮藏等。

（二）贮藏方法

1. 萝卜的室内筐藏　先将萝卜削顶、洗净，再放入带有蒲包或麻袋片的果筐内，筐内蒲包要用水浸湿，并将萝卜包严。然后将筐置于室内冷凉处，在室温1℃～3℃，相对湿度95%左右的情况下，贮藏效果最好。7～10天后，若蒲包已干燥，可向筐内洒些水，使其保持湿润。贮藏1个月后，将萝卜取出检查。如有发芽者，用刀削掉芽子，并将蒲包浸润，再重新放入。

2. 萝卜、胡萝卜的窖藏　将收获的萝卜、胡萝卜，在露地晾一天，勿曝晒，用无锈消过毒的刀小心切去叶片和休眠芽，注意千万不要切去过多的肉质根。然后堆放在半地下窖中，窖的结构最好是泥土地，土坯墙，窖内需保持85%以上的相对湿度，若湿度不足可在地面洒水；用通风窗调节窖内温度，使窖温不低于0℃，堆中心的温度不高于1℃。贮藏过程中要特别注意萝卜堆中心的温度，温度升高时可将堆变小，并及时加工。切勿将有机械损伤和感染黑腐病、白锈病或其他病害的萝卜或胡萝卜放入堆内保存，以防腐烂。

3. 萝卜、胡萝卜的薄膜帐贮藏　利用气调贮藏原理，在库内用薄膜半封闭的方法贮藏萝卜和胡萝卜，以抑制脱水和萌芽，效果较好。具体方法是，先在库内将萝卜或胡萝卜堆成宽1～1.2米、高1.2～1.5米、长4～5米的长方形堆，至初春萌芽前用薄膜帐扣上，堆底不铺薄膜。这种方法能适当降低氧浓度，累积二氧化碳，保持高湿，从而延长贮藏期至6～7月，且保鲜效果好，尤其是胡萝卜，皮色鲜艳，质地清脆。

**四、马铃薯的贮藏保鲜**

马铃薯表皮具有良好的保水性和愈伤能力，成熟后要经过2～3个月的休眠期，因此，马铃薯耐贮藏运输。如果条件适宜，贮藏期可达1年以上，对调节蔬菜周年供应起很大作用。

（一）马铃薯对贮藏条件的要求

贮藏温度对马铃薯内部淀粉与糖的相互转化有很大的影响。高温使淀粉水解为糖的速度加快，呼吸作用加强，品质和耐藏性降低。因此，马铃薯适宜的贮藏温度为3℃～5℃。马铃薯发芽或经过阳光照射，薯皮变绿处，含有很多茄碱苷，人畜食用会引起中毒，因此马铃薯贮藏要避免阳光照射。马铃薯贮藏适宜的相对湿度为85％左右。

（二）马铃薯的贮藏方法

1. 马铃薯夏季贮藏　收获后摊放在凉爽通风的室内，让薯块迅速散热和蒸发过多的水分，并使伤口愈合。此时要经常翻倒，促使薯块内部降低温度。经2～3周后，薯皮充分老化和干爽，除去腐烂薯块即可贮藏。此时马铃薯还处于休眠期，不需制冷降温，将薯块堆积在通风良好的室内或通风贮藏库内，堆高不超过0.5米即可。为促使堆内散热，每隔1～2米设一通风口。贮藏期间要经常检查，除去病薯，防止蔓延。

2. 马铃薯冬季贮藏　秋季马铃薯收获后在田间晾晒后，可减少贮藏中的腐烂率，蒸发部分水分，使薯块有弹性，以减少贮运中的机械损伤。冬季气温低，不像春薯那样容易腐烂，库内温度控制在 3℃～5℃，相对湿度控制在 85％左右。

（1）贮藏库和地下式砖窑散堆贮藏　在库内马铃薯堆高1.5～2米，堆内每隔 2 米左右设置通风筒，以便排出堆内湿热气，还可在薯堆底部设通风道和通风口连接，用鼓风机鼓冷风，可加速排热排湿，大大减少薯块腐烂和发芽。

马铃薯入库（窖）的初期应采取一切措施降低薯堆内部的温度，除了利用机械设备进行强制通风外，还可在夜间进行通风。马铃薯贮藏的中期外温最低，要注意防寒，避免受冻引起腐烂。贮藏后期要防止热风吹入窖内，尽量维持稳定的低温。

（2）沟藏法　马铃薯贮藏沟与萝卜贮藏沟的深宽相似，收获后不能立即入沟埋藏，需在冷凉处预贮，直至将要上冻时才入沟贮藏。将薯块散放入挖好的沟内，厚度 40～50 厘米。薯块上面用土覆盖，厚度不低于当地冻土层。

马铃薯度过休眠期，如果贮藏温度稍高，就会发芽。如有条件应采用机械冷藏，将温度控制在 3℃～5℃，这样可以保证长期不发芽。另外，用化学或物理方法也可抑制马铃薯发芽。

**五、花椰菜（菜花）**

（一）菜花适宜的贮藏条件

菜花又名花椰菜，属半耐寒性蔬菜。菜花虽然与甘蓝食用器官不同，但它是甘蓝的一个变种，对贮藏条件的要求很相似，贮藏适温为 0℃，相对湿度为 90％～95％。菜花在贮藏中易出现花球色泽变黄、变暗，出现褐色细斑点及腐烂现象等，其原因主要是由于菜花脆嫩，在收获和贮运过程中，易受机械损伤，这是贮藏中发生腐烂的原因之一。因此，采收时保留 2～3 个叶片，可以起到保护花球的作用。

（二）花椰菜的贮藏方法

1. 塑料薄膜帐贮藏花椰菜　将已处理好的花椰菜装入箱或筐中，每箱装量以不压伤为宜，将箱码垛，花椰菜进帐后即可密封，任其自行呼吸降氧。进帐后头几天呼吸作用旺盛，每天透帐或隔天透帐，并将帐内壁凝结的水滴擦干后再密封。随后呼吸减弱，可2～3天透帐1次。一般隔15～20天翻检倒动1次，同时剔除黄叶、烂叶。

2. 花椰菜的冷藏　冷藏是贮藏菜花行之有效的办法。即将选出的优质菜花留两三片外叶，先摊晾数小时待花球温度下降，水分适当蒸发，外部叶片变软后，再装入经过消毒处理的筐（箱），送入冷风库以骑马式堆垛。贮藏库的温度控制在1℃～2℃较为适宜，此法贮藏菜花的时间比较长，菜花的质量也较好，如能结合防衰剂BA的应用，效果更佳。

## 六、洋葱

### （一）洋葱的贮藏特性

洋葱俗称葱头。成熟的洋葱最外层有膜质鳞片包着，有休眠期，即使夏季也耐贮存，可以长途运输。一般洋葱收获后有50～80天的休眠期，因品种不同而异。通过休眠期后如遇高温高湿条件就会发芽，使鳞茎发软变空，品质下降，甚至不能食用。贮藏期要求较低的相对湿度（低于80%）。另外，洋葱耐低温，在－3℃～－2℃的温度下轻微冻结，解冻后仍可恢复正常。因此，度过休眠期的洋葱需转入－1℃～0℃的低温下贮藏，以防止发芽。

### （二）洋葱的贮藏方法

1. 筐贮　采收后的洋葱表面晒干后，在距葱头约3厘米处剪去叶，按个头大小分级，并剔除未成熟的、软的及不耐贮的洋葱，将选好的洋葱放入筐（篓）中，每筐25～30千克。然后置于干燥凉爽的棚内保存，使洋葱充分干燥。上冻前，转移到库房或室内保温贮藏，一般堆码3～4层筐高为宜，垛上覆盖稻草或蒲席保温，库温维持在0℃左右，相对湿度为65%～70%，这样可以贮藏到第2年5月。

2. 洋葱的垛贮　选地势高、干燥的通风处，下垫枕木，上铺秫秸，将捆好的洋葱头或洋葱瓣纵横交叉地码成垛，垛底宽1～2

米、高 2 米左右、长 5～6 米，每垛约 5000 千克，码好垛用席封好，上面覆盖一层塑料薄膜以防漏雨水，一般不倒垛，使其自发的气调，待气温降到 0℃时，开垛转入窖或库内贮存，并使温度保持在 0℃左右，相对湿度 65％～75％。

3. 洋葱的窖、库堆藏　将经过充分干燥、严格挑选的洋葱，在 8 月中下旬脱离休眠之前进入窖、库贮藏。洋葱可散堆存放，堆高 0.5～0.7 米、宽 1.5 米，长可不限，也可将洋葱贮放在筐内，堆成骑马式。库内温度以 0℃～3℃为宜，相对湿度不超过 80％，如有冷库，利用托板堆柱，便于通风和提高仓储量。此法给洋葱提供了适宜的低温，贮藏期长，品质较好，损耗也少。

### 七、番茄

（一）番茄成熟度的判断及与腐烂的关系

判断番茄的成熟度，最好的指标就是着色程度（表 2－1）。在高温条件下贮藏，成熟进行得快，而在 2℃～4℃低温下贮藏，成熟进行得较缓慢。至于番茄生霉，是在温度高，湿度大，约有九成以上过熟，果肉相当软化时发生，而在九成以下过熟就几乎不长霉。

（二）番茄对贮藏条件的要求

红色成熟的番茄可贮藏在温度为 0℃～2℃、相对湿度为 90％～95％的条件下，成熟度较低的绿熟番茄，要求贮藏温度较高，一般要求 10℃～12℃，如果低于 8℃就易出现冷害，表现为果实发生水渍状斑点，组织坏死，易染病腐烂。绿熟番茄贮藏适宜相对湿度为 80％～85％。作为长期贮藏的番茄应在绿熟期采收，凡皮厚、汁少、含糖量高、果形整齐、不裂果的晚熟品种较耐贮藏，早熟品种耐藏性差。

表 2－1　番茄成熟度指标

| 成熟指数 | 成熟度 | 外观状态 |
| --- | --- | --- |
| 0 | 绿熟期 | 果顶部发白，但还未全部着色 |
| 1 | 催熟期Ⅰ | 果顶部开始有点着色，着色程度 3％以下 |

| 成熟指数 | 成熟度 | 外观状态 |
|---|---|---|
| 2 | 催熟期Ⅱ | 果顶部着色程度 4%～10% |
| 3 | 催熟期Ⅲ | 果顶部着色程度 11%～30% |
| 4 | 半熟期Ⅰ | 果顶部的橙红色向果腹部扩展，着色程度 31%～50% |
| 5 | 半熟期Ⅱ | 果顶部的橙红色向果腹部扩展，着色程度 51%～70% |
| 6 | 成熟期Ⅰ | 果实的特有红色扩展，着色程度 71%～85%，果底部为绿色 |
| 7 | 成熟期Ⅱ | 果实的特有红色进一步扩展，着色程度 86%～98%，果底部为绿色 |
| 8 | 完熟期 | 肉质坚硬、完全着色 |
| 9 | 过熟期Ⅰ | 红色不深，已经全面着色，肉质稍软化 |
| 10 | 过熟期Ⅱ | 果实红色变深，肉质软化 |

（三）番茄的贮藏方法

1. 缸藏　少量的番茄可用缸来贮藏，方法是将缸洗刷干净，然后把选好的绿熟番茄装入缸内，以3～4个果高为1层，在每层之间设支架隔离，以免损伤果实。装满后用塑料薄膜密封缸口，每隔15～20天打开检查1次，剔除腐烂番茄，再重新装缸密封贮藏。

2. 利用地下设施贮藏番茄　夏秋季节常用土窖、地下室或地道等温度较稳定的地下设施贮藏番茄，贮藏中要抓好消毒、预贮和管理等几个环节。贮藏前，可首先用0.5%漂白粉液或0.5%的过氧乙酸对包装容器及贮藏室进行喷雾消毒。然后把在通风阴凉处经过8～12小时预冷的绿熟期或微熟期的番茄挑选装筐，放入地下设施中，或将果筐平放在地面上，或将番茄堆放在菜架上，每层架放2～3层果，每3～5天翻检1次，剔除腐烂果实，或挑选出已成熟或不宜继续贮藏的果实供应市场。用这种方法，在室温下一般可贮藏 20 天左右，如能通风换气，降温排湿，使温度保持在 10℃～12℃，相对湿度为 80%～85% 则可贮藏 30 天以上。

3. 番茄的气调贮藏　目前我国气调贮藏番茄常用的方法有快速降氧和自然降氧两种。

快速降氧，首先把选好的绿熟番茄装箱或装筐，运入窖内或通风贮藏库内，堆码成垛，用塑料帐封闭，每帐一般放 500～2000 千克，利用抽气充氮快速降氧，使氧和二氧化碳含量调整到 2%～5%，快速降氧后，气体成分适宜，但温度不一定合适。若无制冷设备，应采用通风库的管理方法，适时通风换气尽可能控制在 10℃～12℃。这样贮藏 45 天后，好果率可达 85% 以上。

自然降氧是利用番茄自身的呼吸逐渐降氧至 2%～5%。筐存的番茄入帐后，往往需 2～3 天才能使氧降低到 2%～5%。因此贮藏期较短。一般贮存 30 天左右，好果率仅有 50%～60%。

气调贮藏番茄，帐内湿度高，有利于微生物活动，会引起腐烂。其防止方法是，帐内放入适量的吸湿剂，如氯化钙、硅胶、生石灰等，以降低帐内空气的相对湿度，并配合使用化学药剂消毒。如事先用漂白粉或过氧乙酸对包装材料进行消毒，在帐内每隔 3～4 天施用一次氯气消毒，或用 0.5% 的过氧乙酸置于盘中放在塑料帐内。

## 八、黄瓜

### （一）黄瓜贮藏的关键问题

用于贮藏的黄瓜，应选择抗病性强，果实中固形物含量高，皮稍厚，耐贮性好的晚熟品种，且最好是采收植株中部"腰瓜"中的丰满壮实的中等成熟度的绿瓜条，对过熟、过嫩、有病虫害和机械损伤的瓜应剔除。入库前用 0.2% 的甲基托布津和 4 倍水的虫胶混合液涂在瓜身上，阴干后入库贮藏，效果更好。贮藏库温度宜控制在 8℃～12℃，相对湿度保持在 90%～95%，如采用气调贮藏，应控制氧气和二氧化碳的浓度在 2%～5% 的范围内。

（二）黄瓜的贮藏方法

1. 沙藏 在霜降前采收无病害、壮实的绿色黄瓜作为贮藏瓜，用缸贮存细沙埋藏。其方法是：将细沙洗去土，放入铁锅炒干消毒，待沙凉至室温后喷水湿润。用一个大缸，底部铺一层沙，码一层黄瓜，撒一层沙，照此铺 7～8 层瓜为止。在 7℃～8℃ 下可贮存 20～30 天，可以保持黄瓜绿色味道正常。因贮量有限，仅适用于家庭贮藏。

2. 黄瓜的地窖贮藏 贮藏黄瓜的窖比一般土窖小。大连地区多使用长 6.5 米、宽 2 米、深 1.5～2 米的地窖。利用挖的土培成高 0.7 米的窖帮，窖底和四壁补上脱叶的秫秸，然后码放黄瓜，一般不高过 0.7 米，也有的摆一层黄瓜。同时要注意检查，剔除腐烂果。这种方法，可以贮藏 30～50 天，损耗为 10% 左右。

3. 黄瓜的塑料袋贮藏 在霜降前摘下质量好的绿色黄瓜，装入规格为 40 厘米×50 厘米、厚度为 0.08 毫米的塑料薄膜袋内，每袋装 2.5～3 千克，然后把袋装入筐中，垛起来。也可码在架子上。置于 -3℃～1℃ 的冷库中，库内气体指标控制在氧气 3%～5%、二氧化碳 8%～10%，自然降氧。这种方法可贮存黄瓜 1 个月以上。

## 九、茄子

（一）贮藏用茄子的要求

1. 选果 贮藏用的茄子，应选果肉细、水分含量较少、种子少、皮较厚、抗病的优良晚熟品种和生长在植株中部的中等大的果。

2. 采收和包装 茄子长到成熟的 1/3 直到完全成熟这一段时间均可食用。贮藏的茄果以果实长到足够大并且果皮已着色，光亮平滑，种子刚开始转变成黑色就可以收获。采收时最好用剪刀将柄把剪下，保留大萼片和一小段柄把，并注意在采收、挑选、包装等操作过程中轻拿轻放，尽量减少损伤。国内目前大多用荆条或麻袋包装和运输。供贮藏的茄子用垫有席包或纸的筐装好再一层层码好，顶层覆盖纸，盖上盖，就可以入库保存。

（二）茄子的贮藏方法

1. 茄子的埋藏保鲜　选择地势高、排水好的地方沿东西向挖一条宽 1 米、长 3 米、深 1.2 米的坑。坑的东西两端各留一个通气孔。其中一端留出口，坑顶用玉米秸铺盖后，再覆盖约 12 厘米厚的土。将选好的茄果柄把向下一层层码放，果柄插在果层的间隙中，以避免刺伤茄果，码 5 层茄果后，果顶上覆盖牛皮纸，将坑口堵上，使坑内温度维持在 5℃～8℃。若温度低于 5℃，在坑顶加土保温，并堵塞气孔，若温度过高，则打开气孔调节降温。这种方法可贮存茄果 40～50 天，在贮藏期间要勤检查，发现病果或腐烂果，要及时剔除。

2. 茄子的塑料袋、帐保鲜　将选好的茄果，放入常温 20℃～25℃以下的库房里堆码成垛，用聚乙烯薄膜帐密封，帐内氧气含量 2‰～5‰、二氧化碳含量 5‰，在这种低氧和高二氧化碳的条件下，由于降低了呼吸强度和限制了体内乙烯的合成，并阻止了乙烯的作用，从而防止了茄子的脱把，减少茄果腐烂。此法可贮存茄果 30 天左右，保持茄果原有的商品价值。也有人采用 10 微米厚的高密度聚乙烯袋对选好的茄果进行小包装贮藏，在 13℃左右的温度条件下，控制袋中氧、二氧化碳、乙烯气体组成在合适的范围内，可贮藏 4 周左右，能保持原有的品质和鲜度。

### 十、青椒

（一）贮藏青椒应注意的问题

青椒品种间耐贮藏性差别很大，一般皮厚肉多，含水量少，色泽深绿的晚熟品种较耐贮藏。贮藏用的椒不能采收红熟椒以及幼嫩椒，应当是充分成熟的青椒果为宜。采收时间，一般露地栽培和秋季延迟栽培的青椒，在晚秋果实停止生长，还未转红，早霜之前采收。采摘时要连果柄摘下，最好用剪刀带果柄节一起剪下，轻轻放入袋或垫有纸或席片的筐里。采收的青椒放在普通房间或库内，经过 1～2 天后，待果把伤口愈合、呼吸降低，选无病虫害和机械伤的完整好果贮藏。

青椒贮藏的关键是在贮存适宜温度下控制好贮藏环境中的相对湿度。湿度过小，空气干燥，果实呼吸和蒸腾失水快，易发生萎蔫；湿度过大，真菌繁殖快，青椒易腐烂。贮藏青椒的湿度不能低于 70%，又不能高于 90%，以 80%～90% 为宜。温度以 8℃～10℃ 为宜，低于 4℃～5℃ 出现冷害。

（二）青椒的贮藏方法

1. 青椒的缸藏　先将缸内用 1% 漂白粉水溶液洗涤消毒，晾干后把选好的青椒摆放在缸内，摆放时使果柄朝上，一直摆到近缸口处，上面用两层牛皮纸或塑料薄膜封口，然后将缸放在阴凉处或棚子里，在贮藏期每隔 7～10 天揭开封口进行透气，时间以 10～15 分钟为宜。若天气转冷，缸口加盖草苫，缸四周也用草苫围住防寒。缸贮青椒在零度条件下，可贮藏两个月左右，好果率达 90% 以上。

2. 青椒的窖藏　通常用半地下窖或普通菜窖贮藏青椒，其做法是在消毒后的窖内地面上铺一层 3 厘米厚的湿沙，然后将准备好的青椒放在沙上，码放 4～5 层，并在椒的四周和顶层围盖上湿润的草席以保湿度。有的用蒲包衬筐贮藏青椒，先用水浸湿蒲包，再用 0.5% 的漂白粉消毒，沥去滴水，衬筐内，装入青椒，堆码成垛。每隔 7～10 天检查 1 次，同时更换蒲包，贮藏效果较好。也有的将青椒装入筐内，外罩塑料薄膜贮藏。

青椒入窖后应尽快使温度保持在 5℃～10℃，湿度保持在 80%～90%。同时，要防止青椒过度失水，前期采取夜间通风降温，达到适温后则要注意保温防寒。

3. 常温下青椒的气调贮藏　选择耐贮品种，贮前用 1% 的漂白粉和 25 毫克/千克的 2，4—D 溶液浸果，晾干后装入纸箱（纸箱预先用 1% 的甲醛消毒），再套上 0.10 毫米厚的聚乙烯塑料袋，用绳子扎紧口袋、密封，置室内常温下贮藏。采用充氮气快速降氧法，即人工抽出袋内部分氧气，补充氮气使袋内气体成分保持氧气浓度为5％～7％，二氧化碳浓度用硝石灰控制在5％以下。青椒贮藏期要经常进行袋内气体组成的监测，控制袋内气体成分在所要求的范围内。用此法贮藏青椒两个月，好果率可达94.3％。

## 十一、大葱

### （一）大葱的窖藏

将采收后的大葱就地薄而均匀地铺在沟间，经风吹日晒后，使茎株上的泥土脱落，待葱白表层呈半干状态，扎成重7～10千克的葱捆，并直立排列在地势高、干燥、有阳光、能遮雨的地方晾晒，每隔半月检查1次，以防腐烂。冬天气温下降至0℃时，移入地窖贮藏。

贮藏过程要加强管理，每隔一段时间打开葱捆检查，如有发热腐烂，要及时剔除。如发现潮湿现象，可及时通风调节或将葱搬到日光下摊晒，然后再入窖继续贮藏。

### （二）大葱的冷藏

将经挑选的大葱扎成小捆，按次序码入筐（箱）内，然后放进冷风库堆藏即可。库温以0℃～1℃为宜，相对湿度掌握在80％～85％之间，贮藏过程中，定期打开葱捆查看，发现有发热变质，应及时剔除，避免腐烂蔓延。

### （三）大葱的架藏

为保证架藏大葱的质量，在贮藏前，需将大捆大葱打开，剔除伤、病及受潮的茎株，分扎成重7～10千克的小捆，依次堆放在贮藏架上，横着放或竖着放均可，中间留一捆葱的位置作为通风空隙，如果在露天架藏，应准备好必要的覆盖物，贮藏中要注意气候变化，及时做好防雨、保暖等工作。

## 十二、蒜头

### （一）蒜头的挂贮

我国农村广泛应用将大蒜编成辫或穿成串挂贮。

1. 辫贮　　大蒜采收后晾晒 2～3 天，随即编辫。夏秋之间放在临时凉棚、冷凉室或通风贮藏库内码垛或悬挂，冬季最好移入通风贮藏库内，避免受潮受冻。

2. 串挂　　将蒜头的假茎用镀锌铁丝或线绳串起来，悬挂在住房前后的屋檐下，或者先将蒜头每 8～10 只扎成一小把，再一排排整齐地串挂在屋檐下的铁丝或绳索上，使蒜头自然晾干。

（二）蒜头的糠藏

采用砻糠埋藏蒜头，主要是利用砻糠的绝缘性，能保持相对稳定的温度。同时，造成了一定程度的密封条件，抑制了蒜头的呼吸作用，有利于贮藏环境中少量二氧化碳的聚积，氧气含量也相对降低。其方法是先在筐、箱或埋藏坑的底部铺 1 层厚约 2 厘米的砻糠，然后 1 层蒜头（两三只蒜头高）1 层砻糠，如此堆至离容器口 5 厘米左右时，最上面仍用砻糠覆盖，不能使蒜暴露在空气中，这种方法贮藏蒜头效果较好。

（三）蒜头的低温贮藏

低温可抑制蒜瓣发芽和根的再生，减少贮藏损耗。大蒜贮存之前必须彻底地晾干，如未晒干，温度高会导致腐烂。一般大蒜在 $-0.6℃～0℃$、湿度 $65\%～70\%$、通风良好的条件下能贮藏 6～7 个月。其贮藏管理与洋葱相似。

（四）蒜头的高温贮藏

蒜头采收后经历一个低温阶段，通过休眠后，在 $5℃～18℃$ 下就会迅速发芽。如采收后的蒜头一直放在 30℃ 高温环境中贮藏，可保鲜 1 年以上也不发芽，蒜瓣仍保持丰满状态。我国南方的烤蒜，就是将采收后的蒜头在 $40℃～50℃$ 下烘烤，使幼芽丧失发芽能力，达到长期贮藏保持蒜头品质的目的。

**十三、其他蔬菜的贮藏保鲜方法**

（一）芹菜

1. 贮藏特性　　芹菜原产于地中海沿岸。性喜冷凉湿润，耐寒性次于菠菜，贮藏适温 $-3℃～-2℃$，温度过低菜叶冻成暗绿色，或根部也受冻，解冻后就不能恢复新鲜状态。所以芹菜适于微冻贮藏或假植贮藏。近年来采用气调冷藏，效果也好。

2. 贮藏方法

（1）冻藏　冻藏芹菜各地做法不一，山东潍坊地区经验丰富，贮量大，效果好，每年除供应本地外，还大量支援外地。该地的经验主要是：先在风障北侧建地上式冻藏窖，窖的四周用夹板填土打实成土墙，厚0.5～0.7米、高1米。打墙时在南墙的中心每隔0.7～1米立一根直径约10厘米粗的木杆，墙打成后拔出木杆，使南墙中央成一排垂直的通风筒。然后在每个通风筒的底部通过窖底挖深宽各约30厘米的通风沟，穿过北墙在地面开口，这样使每个通风筒、通风沟、进风口联成一个通风系统。

冻藏芹菜可与菠菜同样地解冻，或在出窖前5～6天拔去南侧的阴障改设为北侧风障（建窖时预先挖好障沟），在窖面上扣玻璃窗或塑料薄膜，将覆土化冻一层铲去一层，留最后一层薄土保护下面的芹菜并使之缓缓解冻。

（2）气调贮藏　沈阳市副食品公司用0.08厘米厚的聚乙烯薄膜制成100厘米×75厘米的袋子，每袋装12.5千克带短根经整理的芹菜，扎紧袋口，分层摆在冷库的菜架上，库温−2℃～0℃，自然降氧，当袋内氧气含量降到5％左右时，打开袋口通风换气再扎紧。也可以松扎袋口（扎口时插一直径15～20厘米的圆棒，扎后拔除）进行自动调氧，收到良好效果，可从10月贮藏到春节，商品率达85％以上。

（二）蒜薹

1. 蒜薹的塑料袋冷藏　蒜薹采用塑料袋小包装，控温贮藏，若在薹梗基部浸以赤霉素，贮存时间可相应延长。方法是：将加工后的蒜薹蘸以50毫克/千克赤霉素，每15～20千克一捆放入0.07毫米厚的聚乙烯袋中，再将袋置于存菜架上码好，架宽以能码两袋为宜，架子每层为两袋半高，将薹梢向外，基部向内对码，进行长期贮藏。

贮藏蒜薹要求库温控制在0℃左右。贮藏中可用奥氏气体分析仪抽样检查，如果袋内氧气降至1％以下，二氧化碳浓度超过15％就应开袋放气。如无气体分析仪器，也可根据袋内气味和蒜薹生态变化加以处理：如嗅到芳香味或微乙醇味，可以适当开口换气；若嗅到浓乙醇味，表明严重缺氧应打开袋口，延长通风换气时间；如发现霉烂变质的蒜薹要随时取出，以防病菌传播蔓延。

2. 蒜薹的塑料帐贮藏　先将长6米、宽1.5米、厚0.20毫米的塑料膜铺在库内地面，摆上贮菜架。将加工挑选好的蒜薹上架预冷3～4天，扣帐前一天将蒜薹重量1/20的硝石灰撒在塑料膜上，当蒜薹体温和库温平衡时即可扣帐封严。贮菜架高2～3米、长5.7米、宽1.2米，分7层，每层间距50厘米，可贮藏蒜薹3000千克左右。然后将帐内气体抽出一部分，使塑料膜紧贴菜架，充入工业氮气，使帐内氧气迅速降至5％。若帐的容积为6立方米，要在帐内放1000毫升氮气，或加入仲丁胺防腐。在正常的贮存条件下，每1～2天测调1次，使帐内气体组成维持在氧2％～5％、二氧化碳0％～8％，用这一方法贮存的蒜薹质量好，最佳的情况可以贮存9个月不开帐，但温度需保持在-1℃～5℃为宜。

3. 蒜薹的硅窗袋贮藏　硅窗袋是在聚乙烯塑料上嵌加一定面积的具有交换气体能力的聚二甲基硅氧烷基橡胶膜包装袋。选择质量好的蒜薹，解开蒜薹的瓣梢，经充分预冷后，装入1100毫米×750毫米×0.08毫米＋0.01毫米的低压聚乙烯薄膜袋中，每袋装27.5＋2.5千克，开窗面积为121.5平方厘米（13.5厘米×9厘米）。蒜薹装袋后，及时进行1～2遍认真的检查漏袋，接着倒扣硅窗袋或薄膜袋，置高温冷库中贮藏。贮藏期内应严格控制库温在-0.5℃～0℃，相对湿度为90％～95％，要定期进行气体组成的检测。山东、安徽蒜薹耐贮性好，用此法贮藏，可贮藏至春节前后，江苏、陕西蒜薹贮藏性差，只能贮藏至新年。

# 第二节 各类蔬菜的加工技术

**一、各类蔬菜的腌制**

（一）萝卜

1. 咸萝卜

（1）配方 鲜萝卜 10 千克，盐 1.8 千克。

（2）方法 选择新鲜、无糠心的白萝卜，去顶去须，洗净后放在阳光下晒半天后入缸，1 层萝卜 1 层盐，满缸后在顶部压上石块，第 2 天倒缸 1 次，以后每隔 2～3 天翻倒 1 次，翻 3 次即可，翻缸时可适当再撒些盐。20～25 天后即可食用。

2. 泡辣萝卜条

（1）配方 萝卜 10 千克，精盐 500 克，白砂糖 500 克，红干辣椒末 100 克，蒜细末 300 克。

（2）方法 将萝卜洗净，切成粗条，放在盆内加入盐拌匀腌一下（约两小时），然后挤净水分装入坛内，将辣椒末、蒜末、糖、酒倒入坛内拌匀，封口，放在阴凉处，5 天后即可食用。

3. 香辣丝

（1）配方 萝卜 10 千克，姜 250 克，酱油 1 千克，味精 50 克，芝麻 100 克，辣椒粉 50 克，红糖 200 克，食盐 750 克。

（2）方法 将鲜萝卜洗净，加盐腌制 15 天后，将咸萝卜切成 2.5 厘米×2.5 厘米×5 厘米（高×宽×长）以下的粗丝。用清水浸泡撒盐，压榨至六成干，将酱油煮沸，加入红糖冷却。姜切成丝，辣椒粉一半用油炸好，另一半与其他辅料调和均匀，倒入萝卜丝，每天倒缸 1 次，两天后可以食用。

4. 甜脆盘丝萝卜

（1）配方 萝卜 10 千克，姜、红干椒各 1 千克，蒜 750 克，白砂糖 1 千克，醋 1.5 千克，水 10 千克，盐 2 千克。

（2）方法 萝卜洗净沥干，1 层萝卜 1 层盐码入缸中，腌 15

天。将咸萝卜先直刀，后斜刀地两面切成深度相同、中间透刀的盘丝状，清水浸泡6～8小时，沥干水分，再把姜、辣椒面、醋、糖和水一起拌匀，一边将萝卜码入缸中一边浇调料。1天后倒缸1次，五天后可食用。

5. 兰花萝卜

（1）配方　咸萝卜10千克，酱油1千克，干辣椒粉100克，糖200克。

（2）方法　将萝卜两面切成互相连接的片，用清水浸泡两小时，捞出榨干水分，拌入各种调料，装坛腌制即成。

6. 酱萝卜丁

（1）配料　咸萝卜10千克，面酱（或豆酱）7.5千克。

（2）方法　将腌过的咸萝卜切成小方块，用冷水浸泡12小时，中间搅拌两次，捞出装入布袋，投入酱缸，每天翻搅1次，连续翻搅7～8次，15天后即可食用。

7. 六味萝卜

（1）配方　萝卜10千克，食盐1千克，辣椒粉、花生油、五香粉、酱油、味精各适量。

（2）方法　将萝卜洗净，入缸腌两个月后捞出，晾两天，切成片。每10千克腌好的萝卜，加五香粉25克、酱油300克，第2天早晨再加入少量味精，将辣椒粉用油炸熟，凉后拌入萝卜中，搅匀后可食用。

8. 甜辣萝卜干

（1）配方　白萝卜10千克，食盐800克，白糖2千克，辣椒酱400克（或辣椒粉200克）。

（2）方法　将白萝卜去根去须后洗净，切成长4～6厘米，宽、厚各0.5厘米的条，用食盐拌匀腌制3～4天，每天翻搅1次。将制好的白萝卜捞出晒至四成干，放置阴凉通风处。把备好的糖和辣椒酱拌入萝卜干中，每天翻动1次，4～5天即可食用。

9. 酸辣萝卜干

（1）配方　白萝卜 10 千克，辣椒粉 60 克，食醋 1.6 千克，白糖 400 克，食盐 400 克，香油 200 克，花椒、大料各 20 克，水 4 千克，味精适量。

（2）方法　先将白萝卜清洗干净，然后加工成长 3 厘米，宽、厚各 0.5 厘米的条，晾晒至八成干。香油烧热，加入辣椒粉炸至微黄时倒入萝卜干内拌匀。将食盐、白糖、花椒、大料放入锅内加水熬开，加入味精，待凉后倒入缸内，与萝卜干拌匀，每天翻动 1 次，15 天左右即为成品。

10. 酱萝卜

（1）配方　萝卜 10 千克，酱 500 克，生姜丝 50 克。

（2）方法　将鲜萝卜腌制成咸萝卜后，切成条或片，放清水中浸泡，勤换水，使其略带咸味，捞出控干水，放在阴凉通风处阴干 1 天。待半干时，与生姜丝拌和装进布袋，投入酱中浸泡，每天搅动两次，20 天后即可食用。

11. 萝卜干

（1）配方　萝卜 10 千克，食盐 2 千克，花椒粉、辣椒粉各 100 克，生姜 15 克。

（2）方法　萝卜去根须，洗净后切成长 6 厘米、宽 2 厘米、厚 1 厘米的条，在室外晒至七成干后拌入 1 千克的食盐，腌渍 3 天后捞出，晒至七成干时收回，再用 750 克的食盐腌渍两天后捞出晒至七成干，将花椒粉、辣椒粉、生姜和剩余的盐与晒好的萝卜条搅拌均匀，装入坛中塞紧压实，密封坛口，15 天后即可食用。

12. 五香萝卜干（一）

（1）配方　白萝卜 10 千克，粗盐 1 千克，花椒、大料（或五香粉）适量。

（2）方法　萝卜洗净，切成两半，放入洗净的缸内，加盐和清水浸没萝卜，腌两个月后捞出，切成 7～8 厘米、筷子粗细的萝卜条，摊开晾干备用。缸内的盐水撇去浮沫和污物，倒入锅内加花椒、大料适量，熬煮约 30 分钟，卤汁呈浅酱红色、稍黏稠时舀出放凉。

晾干的萝卜干再放入缸内，加入制好的卤汁适量，拌匀，闷放 2～3 天后即可食用，假如仍干硬，可再加些卤汁。

食用时，用水漂洗后，拌入醋、香油、辣椒油等即可。脆韧鲜香。

13. 五香萝卜干（二）

（1）配方　鲜萝卜 40 千克，精盐 2 千克，五香粉 35 克。

（2）方法　萝卜洗净，纵切成宽 1 厘米、长 3.5 厘米左右的粗萝卜条。萝卜条入缸撒上盐腌制，12 小时翻拌倒缸 1 次。腌制约 35 小时后取出装箩淋卤。将腌后的萝卜条平铺在芦席上，曝晒 2～3 天，晒至卷边干燥，只有鲜萝卜 1/4 的重量时，即可移入室内凉透，入缸拌料。按 10 千克半干萝卜条，拌入五香粉 35 克，用手翻拌，并用木棍将萝卜条在缸内压实，然后用白细布覆盖，用石头压实，每天早晨用木棍沿边捣压，经 7 天后即成北京五香萝卜干，装坛即可。

14. 五香萝卜干（三）

（1）配方　萝卜 10 千克，盐 1.5 千克，陈皮 50 克，花椒面 25 克，小茴香 25 克。

（2）方法　把新鲜萝卜洗净，切成 5 厘米的长条，放在阳光下通风处晾晒 1 天，按 10 千克萝卜加 1 千克盐揉拌，直到萝卜出水、发软为止。再晾 1 天后，加 500 克盐揉拌，晒至六成干，加入捣碎的花椒、小茴香、陈皮装坛，装紧封实，放在干燥的地方，30 天后可食用。

（二）黄瓜

1. 清水腌黄瓜

（1）配方　黄瓜 10 千克，精盐 1.5 千克，水 5 千克。

（2）方法　黄瓜洗净，用 500 克盐撒在黄瓜表面，放 1 天。

水煮沸将剩余的盐化开，放凉倒入缸中。将黄瓜渗出的水倒掉，晾1天，再将黄瓜倒入缸中腌制，8天后可食用。

食用时，可切片切块，依个人口味，加入调味料。

2. 泡黄瓜

（1）配方　黄瓜10千克，精盐0.5克，红糖50克，白酒50克，干辣椒、大料、花椒、姜各100克，水5千克。

（2）方法　将黄瓜洗净，沥干水分，开水化盐，晾凉后，倒入缸中，加入黄瓜，腌1～2天，取出用清水冲净，晾干，与红糖、酒、辣椒、大料、花椒、姜一起放入缸内，用重物压住，密封，3天后即可食用。

3. 鲜味黄瓜片

（1）配方　鲜黄瓜10千克，精盐0.75千克，白糖400克，辣椒、蒜各500克，味精100克，芝麻油250克。

（2）方法　选鲜嫩的黄瓜洗净切片（厚度为3～4毫米），拌入食盐，待出水后（约半天时间），用布将黄瓜片包住，上压重物，榨干水分。将以上调味料混匀，拌入黄瓜片，1天后可食用。

4. 酱油腌黄瓜

（1）配方　黄瓜10千克，精盐1.5千克，水5千克，花椒、大料、酱油各适量。

（2）方法　将黄瓜洗净晾两天，倒入缸内，盐水腌7～10天，10天之后换去原水，加入以上调料，搅拌均匀，封严缸口，15天之后即可食用。

5. 酱油甜辣黄瓜条

（1）配方　黄瓜10千克，蒜1千克，姜1千克，辣椒2千克，精盐0.75千克，白砂糖500克，味精100克，酱油1千克，水5千克，白酒100克。

（2）方法　将黄瓜洗净切成寸条，加盐拌匀，腌1天，控水晾晒1天。将蒜压碎，姜切片，辣椒切粗丝，将黄瓜条、蒜、辣椒丝加入缸中，加入酱油、味精、白糖，搅匀，表面洒白酒，密封，5 天后可食用。

注：如加入酱油后没有浸没黄瓜条，则还可加少许的冷开水拌匀。

6. 五香黄瓜条

（1）配方　鲜黄瓜 10 千克，五香粉 50 克，盐 0.75 千克，酱油适量，冷开水 5 千克。

（2）方法　将黄瓜洗净晾干，切条，用盐、五香粉、酱油拌匀，倒入装有冷开水的坛中，密封，15 天后可食用。

注：五香粉为花椒粉、大料粉、桂皮粉、胡椒粉、姜粉。

7. 甜酱黄瓜

（1）配方　鲜黄瓜 10 千克，甜面酱 3 千克，酱油 1 千克，食盐 500 克。

（2）方法　将黄瓜用盐腌制后，再用清水浸泡 24 小时，捞出晾晒 12 小时，酱油烧开，晾凉后加入甜面酱搅拌均匀，倒入缸中。黄瓜用干净布袋装好，放入缸中，每天搅动两次，10～15 天可食用。

8. 酱黄瓜

（1）配方　鲜黄瓜 10 千克，黄酱 2 千克，五香粉 100 克，食盐 500 克，大蒜 500 克，白糖 300 克。

（2）方法　将黄瓜洗净沥干，1 层盐 1 层黄瓜，装入缸中，腌 3～4 天捞出，压去水分。大蒜切碎。将黄瓜与配料拌匀，依次摆好放入缸中，密封 7 天后即可食用。

注：食用前可先把黄瓜切成片或丁，拌入少量的芝麻或香油，也可依个人的口味加麻油或辣椒粉。

9. 酱连刀黄瓜

（1）配方　鲜嫩黄瓜 10 千克，食盐 0.8 千克，酱油 0.75 千克，糖 300 克，味精 50 克，水 5 千克。

（2）方法　将鲜黄瓜去蒂洗净，1 层食盐 1 层黄瓜码放在干净的缸中压紧，3 天后捞出晾晒 1 天后，切成连刀片。将酱油烧开，晾凉后，与腌过的黄瓜一起装缸，酱渍 5 天后捞出晾半天，再装缸，依次加入糖、味精后密封，1 周后可食用。

10. 糖醋黄瓜

（1）配方　黄瓜 10 千克，白砂糖 500 克，醋 500 克，盐 500 克，水 5 千克。

（2）方法　将黄瓜（最好为嫩黄瓜）洗净，切成寸条，加盐拌匀。倒掉渗出的水后，将黄瓜条晒至半干。开水溶化白砂糖，晾凉后加入醋，入缸，把半干黄瓜条浸泡其中，密封 10 天可食用。

11. 酱盘丝黄瓜

（1）配方　黄瓜 10 千克，酱油 0.5 千克，食盐 0.8 千克，白砂糖 0.3 千克，甜面酱 3 千克，大料、花椒、桂皮、丁香各 50 克。

（2）方法　将鲜黄瓜洗净，沥干水分，1 层黄瓜 1 层盐地放在缸内腌制 5 天，倒掉渗出的水，将黄瓜沥干水分后，切成先直刀、后斜刀、两面深度相同的盘丝状，然后在清水中浸泡 1～2 小时，沥干后投入缸内。把酱油、甜面酱及各种调料拌均匀倒入缸内，酱制 15 天即可食用。

12. 山东虾油小乳瓜

（1）配方　鲜乳瓜 10 千克，食盐 2 千克，虾油 7.5 千克。

（2）方法　将鲜乳瓜洗净，沥干水分，放在缸中腌制。1 层黄瓜 1 层盐，第 1 次用盐 50%，第 2 天倒缸用盐 50%，隔 3 天再倒 1 次缸。加冷开水，盐水要没过黄瓜。咸胚可放 3～5 个月。咸胚用清水浸泡脱盐，捞出沥水，再灌虾油腌 3 天，其间倒缸 1 次（不脱盐直接加入虾油味更鲜）。

（三）白菜

1. 腌白菜

（1）配方　鲜大白菜 10 千克，食盐 1.5 千克。

（2）方法　腌制时将大白菜切成 4 瓣，小棵者可切成两瓣。用清水洗净，控干水。腌制时先在缸底撒 1 层盐，再将白菜切口向下，放 1 层菜撒 1 层盐，上压石块。入缸后 20～24 小时倒缸 1 次，将缸下边的白菜翻倒上来，第 3 天再翻 1 次，1 星期后再翻 1 次，15 天后可食用。

2. 渍酸菜

（1）配方　鲜大白菜 10 千克，食盐 750 克。

（2）方法　将大白菜在阳光下晾晒，表面菜帮萎蔫后，修去表面菜帮，用清水洗净。缸底先撒 1 层盐，放 1 层菜，再撒 1 层盐，挤实，上压石块。加清水没过菜即可，20 天即成。

3. 朝鲜辣白菜

（1）配方　大白菜 10 千克，盐 750 克，辣椒酱 2.5 千克。

（2）方法　将满心大白菜修好，摘除黄帮烂叶，洗净，切 2～4 瓣，入缸盐渍。放入 1 层白菜撒 1 层盐，装满后注入少量清水，上压重石。腌 2～3 天后，取出，用清水洗净，沥干水分，将辣椒酱均匀地夹于白菜叶间，装进缸内，压以石块。有条件者可在两层白菜之间夹些苹果片。再腌 5～7 天即可食用（辣椒酱可依据本书辣椒酱的加工方法加工制作）。

（四）胡萝卜

1. 咸胡萝卜

（1）配方　胡萝卜 10 千克，食盐 2 千克。

（2）方法　胡萝卜洗净修好，控干水分，放入缸中。食盐用沸水冲开，凉后加入缸中，以没过胡萝卜为准。密封 20 天后，可依个人喜好改刀加调味料食用。

2. 辣胡萝卜

（1）配方　胡萝卜 10 千克，辣椒 300 克，酱油 0.5 千克，盐 1 千克。

（2）方法　将胡萝卜洗净，切成条，晒至半干，加调料腌制 15 天后可食用。

3. 四川泡胡萝卜

（1）配方　胡萝卜 10 千克，盐 500 克，凉开水适量。

（2）方法　将胡萝卜晾干，装入四川泡菜坛内，1层胡萝卜1层盐加入凉开水，然后盖好盖子，在坛外的水槽里加满水，3～5天即可食用。

4. 泡胡萝卜

（1）配方　胡萝卜10千克，干辣椒200克，盐2千克，白酒75克，红糖50克，花椒、八角各50克。

（2）方法　选新鲜、不空心的胡萝卜，去缨、根，个大的切成块，洗净，晾晒至蔫。将花椒、八角用纱布装好，其余调料拌匀装入坛内，倒进胡萝卜，加冷开水，以没过胡萝卜为准，盖上坛盖，5天后可食用。

5. 泡甜酸小胡萝卜

（1）配方　小胡萝卜1千克，25％盐水1千克，红糖200克，醋100克，料酒、白酒各10克，精盐30克，干辣椒25克，花椒5克。

（2）方法　将小胡萝卜洗净晒蔫，盐渍3天，捞出晾干。把各种调料调匀，与小胡萝卜一起装坛，用竹片卡紧，注入盐水，淹没菜品盖上盖子，注足坛沿水，泡10天即可食用。

（五）大头菜（甘蓝）

1. 咸大头菜

（1）配方　大头菜10千克，盐2千克。

（2）方法　将大头菜洗净，顺根部一切两瓣，在阳光下晒40分钟左右装缸。装缸时，1层大头菜1层盐，上压石块，15天后即成。

2. 渍大头菜

（1）配方　大头菜10千克，盐500克。

（2）方法　选择带有绿叶的大头菜，去掉花帮，顺根部切成两瓣，放入缸中，撒上食盐，1层菜1层盐，满缸后，上压石块，注满清水，放在12℃～15℃的室内发酵，20天即成。

食用时视其发酵程度，过酸时可用清水浸泡一段时间。

3. 五香甘蓝

（1）配方　咸甘蓝 10 千克，五香粉 250 克，酱油 1 千克。

（2）方法　将咸甘蓝切成根部相连的瓣（个大的切成 8 瓣，中小个的切成 6 瓣），用清水浸泡 4 小时，在阳光下晾晒，当晒至半干时，放入容器内用酱油浸泡。第 2 天翻动 1 次，5 天后捞出，再晒 2～3 天，半干时拌入五香粉，入缸闷 10 天即成。

4. 甜甘蓝

（1）配方　甘蓝 10 千克，糖 1 千克，酒 60 克，盐 500 克。

（2）方法　将甘蓝洗净，切成见方的块，放入缸中均匀撒盐，待腌至出水时捞出，控去水分，再放入缸中，注入糖和酒的混合溶液，2～3 天即成。

5. 酱头菜丝

（1）配方　咸头菜 10 千克，酱 3 千克，酱油 2 千克，鲜姜 100 克。

（2）方法　将咸头菜切成 0.2 厘米宽的细丝，放入清水中浸泡 2 个小时，中间换水 1 次，待稍有咸味时捞出，控干，分装布袋，投入盛有酱油和酱、鲜姜等配料的容器中，搅拌均匀，每天翻动 2～3 次，6～7 天后即成。

6. 辣大头菜

（1）配方　大头菜 10 千克，鲜红辣椒 10 个，白糖 20 克，香油 10 克，精盐、味精各适量。

（2）方法　将大头菜冲洗干净，放沸水中烫一下，捞出沥水晾凉，切成菱形片，放入容器内加盐腌 30 分钟，沥水，红辣椒洗净，去蒂和籽，切成细末，加白糖、香油、味精拌入大头菜即可食用。

7. 酱头菜

（1）配方　头菜 10 千克，盐 750 克，萝卜 500 克，胡萝卜 500 克，白砂糖 400 克，酱油 0.5 千克。

（2）方法　将头菜洗净，切成小方块，萝卜洗净切片，胡萝卜洗净切片，晒半天。用开水将酱油、盐、糖化开（加水量以能没过菜为准），将头菜、萝卜、胡萝卜倒入缸中，加入冷却的料水，腌制 15 天即成。

8. 酸辣头菜

（1）配方　头菜 10 千克，盐 500 克，蒜、姜、辣椒各 500克，味精 50 克。

（2）方法　将头菜洗净切成小方块，加盐腌 4 小时，控干水分，把蒜、姜、辣椒洗净切碎，与头菜块拌匀，加味精，入缸，每天翻缸 1 次，3 天即成。

9. 什锦辣菜

（1）配方　鲜大头菜 10 千克，红萝卜 2 千克，盐 500 克。

（2）方法　将鲜大头菜和红萝卜洗净，切成细丝，撒上精盐，搅拌均匀，放入容器中压实、盖严。容器放在 12℃～14℃ 的环境中，约 7 天发酵，即可食用。

食用时可根据个人的口味加入如酱油、辣椒油、麻油等调料。

（六）辣椒

1. 腌柿子椒

（1）配方　柿子椒 10 千克，食盐 2.5 千克。

（2）方法　选色黑绿、肉厚脆嫩的柿子椒，先将柿子椒削柄洗净，然后用竹签子扎 5 - 7 个眼，再用盐水浸泡，每天翻两次缸，翻后顶面撒少量盐，3～4 天后用手攥不碎，即可食用。

2. 腌辣椒

（1）配方　红辣椒（小青椒）10 千克，食盐 2 千克。

（2）方法　选表皮光滑、肉厚、个大的新鲜红辣椒，去柄，清洗沥干，用刀切成小片，腌制，封缸，滴入少量熟菜油，存封半个月即可食用。

3. 酱油青椒

（1）配方　咸青椒 10 千克，酱油 2.5 千克。

（2）方法　咸青椒去子后切成 2 厘米的块，用清水浸泡撒盐，10 小时后捞出控干，放入煮沸晾凉的酱油中浸泡，每天倒 1 次缸，3 天后即可食用。

4. 红辣椒酱

（1）配方　红尖辣椒 10 千克，盐 750 克，糖 500 克，姜 750 克，蒜 750 克，白酒 50 克，味精 50 克，酱油适量。

（2）方法　红尖辣椒、姜、蒜洗净，切碎，加入盐、糖、酱油、味精、白酒搅拌均匀，5 天后可食用（注：制好的辣椒酱应存放于阴凉处，温度不宜过高，取食时要注意用具的卫生）。

5. 辣椒豆瓣酱

（1）配料　鲜辣椒 10 千克，豆瓣酱 5 千克，盐 500 克。

（2）方法　将辣椒洗净，去柄，切碎，入缸，加盐与豆瓣酱搅匀，每天翻动 1 次，15 天后即可食用。

6. 辣椒芝麻酱

（1）配料　辣椒 10 千克，芝麻 1 千克，盐 1 千克，花椒 50 克，八角 50 克，五香粉 300 克。

（2）方法　将辣椒洗净和芝麻一同粉碎，再与花椒、八角、五香粉、盐拌匀装入坛中，腌制 7 天，随吃随取。

7. 酸辣椒

（1）配方　鲜辣椒 10 千克，醋精 50 克，米酒 50 克。

（2）方法　把辣椒洗净，用开水烫软捞起，控干水分，装进干净的缸里，加入醋精、米酒和凉开水，水要高出辣椒 15～20 厘米，密封腌泡两个月，即可食用。

8. 五香辣椒

（1）配方　辣椒 10 千克，盐 1 千克，五香粉 50 克。

（2）方法　将辣椒洗净晒半干，加入调料拌匀装缸密封 15 天后即可食用。

9. 蒜蓉辣酱

（1）配方　辣椒 10 千克，蒜 3 千克，姜 250 克，盐 1 千克，白糖 400 克，白酒、味精各 50 克。

（2）方法　辣椒洗净切碎，蒜、姜切成末，加盐、糖、白酒、味精混合均匀，密封 5 天可食用。

（七）豆角

1. 腌豆角

（1）配方　豆角 10 千克，食盐 2 千克，花椒适量。

（2）方法　将豆角洗净摘掉两边的筋，把盐、花椒放入容器，用 5 千克开水将盐冲化为盐水，待晾凉后，把豆角腌在盐水里，7 天后即可食用。

2. 泡豇豆（或豆角）

（1）配方　鲜嫩豇豆 10 千克，盐 2 千克，红干椒、红糖、白酒、花椒、大料各 50 克。

（2）方法　将豇豆择洗干净，用盐（用盐量为总用盐量的 2/3）腌 1 天，捞出晾至七成干入坛，加盐、红干椒、红糖、白酒、花椒、大料封口，浸泡 7 天后可食用。

3. 酱豇豆

（1）配方　豇豆 10 千克，大酱 5 千克，盐适量。

（2）方法　先将豇豆洗净，放开水中烫 2 分钟，捞出后放在清凉水中冷却，取出后控净水分，捆成小把，投入酱缸中浸泡 15 天即可食用。食用时洗去浮酱，切成段。

4. 泡豇豆

（1）配方　嫩豇豆 10 千克，精盐 1 千克，高粱酒 480 克，干辣椒 20 克，花椒 60 克，冷开水 6 千克。

（2）方法　精盐、干辣椒、花椒同时放入翻口泡菜坛内，加入高粱酒，冷开水搅匀。豇豆洗净晾干后，放入装有盐水的泡菜坛中，翻口内加水密封，夏天泡 3 天，冬天泡 6 天左右，即可取食。

（八）芹菜

1. 腌芹菜

（1）配方　芹菜 10 千克，食盐 1.5 千克。

（2）方法　将芹菜洗净，晒干水分，1层菜1层盐码入缸中，上压石块，密封，15天后即成。

2.芹菜五香豆

（1）配方　芹菜1千克，黄豆、大料、五香粉、葱、辣椒油、盐各适量。

（2）方法　将芹菜摘叶洗净、切成丁，用开水焯一下，再把黄豆洗净，放葱花、大料、盐、五香粉煮熟，最后将芹菜丁、五香黄豆与味精、盐、辣椒酱、葱、五香面拌匀即可食用。

3.蒜酱芹菜叶

（1）配方　芹菜叶1千克，蒜、酱油、盐、辣椒油、醋各适量。

（2）方法　将芹菜叶洗净，用沸水焯一下，压干水分，再和蒜末、酱油、盐、辣椒油、醋拌匀即可食用。

（九）莴笋

1.咸莴笋

（1）配方　鲜莴笋10千克，盐1千克。

（2）方法　将鲜莴笋洗净，削去老皮和根，放入缸中，1层莴笋1层盐，装满后，浇入18％盐水，水没过莴笋，上压石头，每隔2～3天翻动1次，共倒3次，20天后可食用。

2.酱青笋

（1）配方　青笋10千克，酱油3.5千克，食盐500克，白糖800克，冷开水2千克。

（2）方法　将鲜青笋剥皮洗净，切成相距2厘米的蓑衣花，用盐腌4～5小时，捞出挤干表面盐水，再将酱油煮沸，白糖用沸开水化开放凉，放在缸内拌匀，加冷开水，把腌好的青笋放入缸内浸渍，7天后即可食用。

3.五香莴笋

（1）配方　莴笋10千克，酱油1.5千克，盐1千克，五香粉、生姜各50克。

（2）方法　将鲜莴笋去皮晒 1 天，然后用 5 千克水烧开加入盐、酱油、五香粉、生姜，将莴笋装入缸中，密封 10 天即成。

4.辣味笋条

（1）配方　鲜莴笋 10 千克，食盐 750 克，辣椒末 50 克，白酒 50 克，味精、蒜各适量。

（2）方法　鲜莴笋去皮洗净，控干水分，1 层笋 1 层盐压实，10 天后即成。食用时将莴笋切成条，将辣椒末、味精、蒜末、白酒等调味料放入拌匀即可。

5.泡莴笋

（1）配方　莴笋 10 千克，红糖 75 克，盐 125 克，料酒 250 克，老盐水 10 千克（无老盐水可用 20% 的新配盐水代替），香料包 1 个（依个人口味加入少量的花椒、大料、桂皮等）。

（2）方法　选择鲜嫩的莴笋去叶、去皮、去筋，洗净沥干水，再用盐腌透后捞出，晾干表面水分。将红糖、料酒、香料包放入装有老盐水的坛内，搅匀，投入莴笋，盖上盖子，水封密封。两天后即为成品。食用时可切块或切片，再拌入调味料。

（十）蒜

1.糖醋蒜

（1）配方　大蒜 10 千克，白糖 3 千克，盐 200 克，米醋 10 干克。

（2）方法　削去大蒜毛根，剥去干皮，用清水洗后将蒜入缸，清水浸泡除去辣味，每天换 1 次水，连续 3 天，然后捞出蒜放入新缸内，醋烧开，加入糖、盐，凉后倒入缸中，20 天左右即成。

2.酱蒜

（1）配方　蒜 10 千克，酱油 2 千克，醋 500 克，调料水（大料、花椒）适量。

（2）方法　蒜洗净去根、外皮。用 20% 的盐水浸泡 20 天后，将咸蒜取出洗净，捞出，控干水分。再把调料水、酱油、醋分别烧开，冷却后调匀，倒入缸内。最后把蒜投入缸内，浸泡 50～60

天即可食用。

（十一）茄子

1. 腌茄子

（1）配方　嫩茄子10千克，食盐750克。

（2）方法　选个头整齐、无籽的茄子，先将茄子掰去蒂把，洗净下缸，将盐撒在上面，用水浇盐，第2天倒缸，连续倒缸2～3次，盐化即可封缸。

2. 腌蒜茄子

（1）配方　嫩茄子10千克，食盐2千克，大蒜1.5千克。

（2）方法　将茄子洗净，上锅蒸熟，出锅冷却。大蒜去皮捣碎，并加少量的盐（300～400克）。将蒜泥夹入茄子中，1层茄子1层盐码入缸中，10天后可食用。

3. 茄子干

（1）配方　茄子10千克，食盐300克，咸红辣椒1.5千克，豆豉3千克。

（2）方法　选新鲜肥嫩，肉质致密的茄子，切去果柄及萼片，洗净，放沸水中加盖煮15分钟。经3次滚沸，当茄子变成深色、柔软，但尚未熟透时，取出散热。然后将茄子切成两瓣，每瓣划成3～4个小瓣（不要全切开，让茄瓣仍连在一起），置太阳下曝晒，不宜翻动。傍晚散热后，将研碎的盐撒在茄子表面揉搓。然后将茄子剖面朝上，1层1层地铺在缸中腌1夜。第2天继续曝晒，每隔4小时翻动1次，晒两天，待茄子颜色发黑，能够折断，即成半成品。将干茄瓣放在清水中浸泡20分钟，捞出放在晒架上晾晒，直至表皮无水汁，每10千克茄干加盐300克，与腌过的红辣椒1.5千克、豆豉3千克搅拌均匀，逐层装入坛中，捣塞结实，使坛内不透气，密封，经两星期发酵即成。

4. 蒜泥茄子

（1）配方　茄子1千克，蒜、盐、葱适量。

（2）方法　将茄子洗净蒸熟，蒜切碎，拌盐、葱花，再放入茄子搅拌成泥状即可食用。

（十二）其他

1. 泡子姜

（1）配方　新鲜子姜 10 千克，鲜小辣椒 500 克，盐水（20%）10 千克，红糖 50 克，盐 500 克，白酒 200 克，花椒、八角各 50 克。

（2）方法　将子姜刮去粗皮，去姜嘴和老茎，洗净晾干。红糖（总量的一半）、盐搅匀，辣椒垫底，加入子姜，装至一半时放进余下的红糖和花椒、八角。再继续把子姜装完，将盐水倒入坛中，上盖浸泡，一星期后即可食用。

2. 麻辣洋姜

（1）配方　洋姜 1 千克，盐 200 克，辣椒面 50 克，五香粉、陈皮各 50 克。

（2）方法　将洋姜洗净，切成片，晒至半干，再与盐、五香粉、辣椒面、陈皮拌匀，入坛密封 1~2 小时即可食用。

3. 辣韭菜

（1）配料　韭菜 10 千克，盐 1 千克，辣椒、生姜各少量。

（2）方法　将韭菜、辣椒洗净，晒去水分，用粉碎机粉碎，加入配料拌匀后装坛，3 天即可食用。

4. 腌韭菜花

（1）配方　韭菜花 1 千克，鲜姜 50 克，食盐 200 克，花椒 50 克，水 750 克。

（2）方法　选半花，尤老子、黄梗、杂质，新鲜不烂的韭菜花，用清水洗净后沥水。把花椒置于食盐水中煮沸，待冷却后灌入韭菜花中，随即加入鲜姜，每天打耙搅拌 1 次，10~20 天后即可食用。

5. 韭菜花酱

（1）配方　韭菜花 1 千克，盐 250 克。

（2）方法　将韭菜花洗净磨碎，加入盐，密封 7 天后即可食用。

6. 双江韭菜花

（1）配方　韭菜花1千克，辣椒、盐、生姜、花椒、料酒各适量。

（2）方法　将韭菜花、生姜、辣椒洗净，加入盐、花椒，捣碎，加入料酒，封缸20天后即可食用。

7. 腌雪里蕻

（1）配方　雪里蕻10千克，食盐1千克。

（2）方法　将雪里蕻去老茎、枯叶，清水洗净，沥干水分。一层盐一层雪里蕻码入缸中，上压重石，20天后即可佐餐食用（食用时可用清水浸泡去咸，与肉末或豆腐炒食）。

## 二、蔬菜的干制

（一）霉干菜

方法：选分叉多、鲜嫩的雪里蕻，剔除黄叶、烂叶等，放在阳光下晒蔫后搬进室内堆放。堆放24小时，其间翻动1～2次，使之自然发黄，当黄叶达60％时可切除菜根，在清水中洗净泥沙和杂质，晾干菜内水汁，将菜切成2～3厘米的段，再日晒半天，进屋凉透。以每10千克菜加盐1千克，拌匀后下缸腌制。腌制时要层层踏实，盖上竹帘，压上干净的石头。待菜由青黄转成褐色，卤已变为淡紫色时表明已腌好。腌制时间需20～30天。取出制好的菜，放在竹席上晒干，装在塑料食品袋中，封好袋口。

食用时用水浸泡回软，炒、炖、蒸等均可。

（二）干豇豆

1. 制作方法　选鲜嫩、整齐的豇豆，洗净后放在开水锅焯至绿色，捞出用冷水冲一下，挂在阳光下晾晒至半干，放在蒸笼上旺火蒸至豇豆回软，出笼。再在阳光下晒干，装在食品袋中，捆严。

2. 食用方法　干豇豆用开水泡软，切成小段，用来炒肉丝、炖排骨汤、烧红烧肉等味道鲜美，菜有韧劲。

（三）土豆干

方法：土豆洗净切片，用清水冲洗，在太阳下晾晒，晒至干透。食用时先将土豆干用清水浸泡，回软后，可用于炒菜、炖菜。

（四）干萝卜叶

方法：从采收的新鲜萝卜上切下萝卜叶，切时注意带少量的根颈，使各条叶梗连在一起，去掉黄叶。洗净、晾晒，当重量减少一半时，按每 10 千克鲜萝卜叶用盐 200～300 克，撒上后反复揉搓，至食盐全部溶化，叶子变柔软并由微黄变浓绿。将萝卜叶一棵棵倒挂在晒架上，晾晒 2～3 天，使浓绿变成黄绿时可收至屋内过夜，使之回软，捆成把装入坛中，压实，盖好坛口，水槽里灌满水，经 40～50 天后即成。成品可炖、炒佐餐。

（五）干菠菜

方法：选用叶大、叶肉肥厚、无伤的菠菜，除去老叶和根，洗净，在温度为 75℃～80℃条件下烘 3～4 小时即成。

（六）洋葱干

方法：选用大、中个头、结构紧密、白色或淡黄色、充分成熟的洋葱，洗净去外皮，切成 4 毫米左右的片，在 55℃～60℃下烘 7 小时即成。

（七）土豆片干

方法：将土豆洗净、去皮，浸入 0.1％的食盐水中，切片（长 2 厘米，厚 4 毫米左右）放入水中。随时取出用蒸汽处理 2～3 分钟，再用冷水冲洗，沥干水分后，在温度不超过 65℃条件下烘 6～8 小时。

（八）干制莴笋

方法：将已腌制好的咸莴笋切成长 10～15 厘米、宽 1～2 厘米的长条，放在日光下晒至七八成干，装坛后 15～20 天即可食用。

（九）番茄干

方法：选用成熟、果肉厚而致密、汁液较少的番茄，洗净后切成片或瓣，在干燥机内进行干燥，温度开始用 45℃，再逐渐升温到 60℃～70℃，干制到能折断为止，干燥后密封保藏。

（十）茄干

方法：将未老熟的茄子，除去柄和萼片，切成片或丝，在阳光下暴晒，干燥后即成，密封保藏。

（十一）冬瓜干

方法：选用肉质肥厚的冬瓜，剥去瓢后切成 1 厘米厚的片，在阳光下暴晒至能折断，移到室内回软 8～10 小时，再一束一束地捆好，复晒 1～2 次即成，放在干燥处贮藏。

（十二）黄瓜干

方法：选取鲜嫩的黄瓜，用水洗净，去掉瓜蒂，用刀切成条形。一根黄瓜切成 6～8 条，每条都有瓜皮，彼此相连，不要切断，盐卤一下，除去部分水分后挂在绳子上曝晒即成。

（十三）小白菜干

方法：取鲜小白菜除去根、老叶，洗净，放入沸水中漂煮片刻，捞出放入冷水中冷却，沥水，自然晾干即可。

### 三、蔬菜的糖制

（一）红薯脯

（1）配方　红薯块 1 千克，糖煮液（糖 130 克，蜂蜜 20 克，枸橼酸 2 克，水 700 克），甘草 10 克，盐 4 克。

（2）方法　选直径 5 厘米以上的黄心鲜薯，将泥土洗净，去掉表皮。将红薯切成长方形的块，长度不超过 5 厘米，再用清水洗净，投入糖煮液煮沸，并不断地翻动，使薯块熟而不烂。加入甘草和盐。将煮好的薯块及糖液一起出锅倒入缸内浸渍 24 小时，使薯块进一步吸收糖液。捞出薯块摊放在笼屉内，控至糖液不滴为止。在 60℃ 条件下烘烤 6 小时，每隔两小时排 1 次水蒸汽。将烘好的红薯脯晾凉，装袋，密封包装。

（二）茄子脯

（1）配方　茄子 10 千克，盐水 1.5％，亚硫酸钠溶液 0.2％ 或枸橼酸溶液 1％，糖 6 千克。

（2）方法　选八九成熟的无斑疤、腐烂的茄果，人工去掉茄把，削去外皮，切成 6～8 瓣，放入盐水中浸泡 4～6 小时，捞出放在沸水中煮至八成熟时捞出，用冷水冷却，放入 0.2％的亚硫酸钠溶液或 1％的枸橼酸溶液护色。将处理好的茄子一层糖一层茄子腌入缸中，腌渍两天，配 40％的糖水加热煮沸，加入腌好的茄子煮 3～5 分钟，捞出茄块，适当烘烤，半干时再放入原糖液中浸泡 24～48 小时，捞出沥净糖液，在 65℃～70℃条件下烘 12～16 小时，并进行 1～2 次的翻盘，使之受热均匀。烘干好的产品放于 25℃室内回潮 24 小时，包装存放在阴凉处。

（三）莴笋脯

（1）配方　鲜莴笋 10 千克。

（2）方法　选新鲜、个体较大的莴笋洗净后去外皮，切去根部较老的部位和上部较嫩的部分，切成长 4 厘米、宽 2 厘米、厚 1 厘米的长条。用 3％的石灰水浸泡，使莴笋条硬化，捞出清水漂洗 10～12 小时其间换水 2～3 次，捞出沥干水分。先将莴笋条倒入清水中煮 5～8 分钟，捞出冷却后放入 0.2％的亚硫酸钠中浸泡护色。配制 50％的糖液将笋条倒入其中浸泡两天。捞出笋条，将糖液浓度再次调整为 50％，加入莴笋条，煮沸 4～5 分钟后，加入白糖，使糖液浓度达到 60％再煮 15～25 分钟，待笋条透明时出锅，糖液和笋条一起倒入缸中浸渍 24 小时。在 65℃～70℃条件下烘 12～16 小时，手摸不粘即可出房。在烘烤过程中要及时排湿，并倒盘 1～2 次。产品在 25℃条件下回潮 24 小时后包装。

## 四、蔬菜制汁

（一）番茄汁

采用新鲜、成熟度高、出汁率高、番茄红素含量高、可溶性固形物含量在 5％左右的番茄品种。洗净泥土杂质，去除青绿部分。

将番茄加热到皮与肉适度分离，送入双层卧式打浆机。去皮籽后，使浆汁的可溶性固形物在4%～5%，再用砂糖和精盐进行配料。配制好的汁浆在85℃左右进行热脱气，及破坏果胶酶，再经胶体磨或均质机均质。采用榨汁机进行取汁。榨出的汁加热至85℃～90℃，立即装罐、密封。然后在100℃热水中杀菌15～20分钟，立即冷却至40℃左右即成。

（二）胡萝卜汁

选用橙红色、外形短粗、表面光滑的胡萝卜，可溶性固形物含量在10%左右。将其洗干净，修整。

将胡萝卜送入磨碎机中粉碎，然后进行榨汁。先用沸水漂烫15分钟，再用水压机进行压榨取汁。提取的汁液加热至82.2℃，使其中所有对热不稳定的物质全部凝聚起来，然后使用均质机进行均质，再用0.33%的食盐调味。

装罐前预热到71.1℃，装罐并继续加热至121.1℃，高温处理30分钟，冷却至室温即可。

（三）乳酸发酵蔬菜汁

泡菜是典型的乳酸发酵制品，现以泡菜为例，说明乳酸发酵汁的一般工艺过程。由于乳酸发酵汁含酸量高，因此只需加热至71.1℃～73.8℃就足以杀死所有的微生物。

泡菜的含酸量在1.5%～2.0%，在装罐前，先将泡菜汁用水稀释到1.4%以下，盐含量小于2.0%。然后把各种泡菜汁倒进一个容器内，添加1.5%～1.6%的乳酸。用细筛网将混合汁过滤后，自然流入消毒器和漏斗，当罐头装至距顶部1.27厘米时，让其慢慢通过一个蒸汽室，在73.8℃～76.6℃下排热4.5～5分钟。密封后冷却至38℃。泡菜汁一般用马口铁罐装，而不用玻璃罐装，因为光照会使产品质量下降。